东北林区
主要树种建模和林分仿真
研究与实践

高金萍　高显连　刘　斌
孙忠秋　杨宝惠　于慧娜
|编著|

中国林业出版社
·北京·

图书在版编目（CIP）数据

东北林区主要树种建模和林分仿真研究与实践 / 高金萍等编著.
-- 北京 : 中国林业出版社, 2022.10
ISBN 978-7-5219-1764-2
Ⅰ. ①东… Ⅱ. ①高… Ⅲ. ①林区－树种－计算机仿真－系统建模－东北地区
②林区－林分－计算机仿真－研究－东北地区 Ⅳ. ①S725.1-39②S753.3-39
中国版本图书馆CIP数据核字(2022)第119754号

责任编辑：杨 洋 王 远 邵晓娟

出 版：中国林业出版社（100009 北京市西城区德内大街刘海胡同7号）
网 址：http://www.forestry.gov.cn/lycb.html
电 话：010-83143583
印 刷：河北华商印刷有限公司
版 次：2022年10月第1版
印 次：2022年10月第1次
开 本：787mm×1092mm 1/16
印 张：24.75
字 数：450千字
定 价：240元

前言

当前，以森林资源小班（图斑）为基本管理单元的森林资源精细管理技术已日趋成熟，将森林资源小班区划和调查成果落实到山头地块已成为森林资源现代管理的基本要求，然而如何将森林资源小班上生长的林木资源形象逼真地“立起来”，使林草管理、决策人员不用跋山涉水到山上就能直观“看到”集中连片的、与森林现状和调查结果高度吻合的森林现场，一直是森林资源管理人员很关心但悬而未决的技术难题。传统的空间地理信息平台由于三维仿真技术和海量数据处理能力的局限，长期以来只能在信息管理平台上查看林地的空间位置分布及调查属性因子信息，但是林地上树木的生长状况，包括树种组成、分布、年龄、胸径、树高等多项关键林分因子因缺乏有效的展示手段，无法真实再现树木的生长状况及整个森林空间的结构现状。

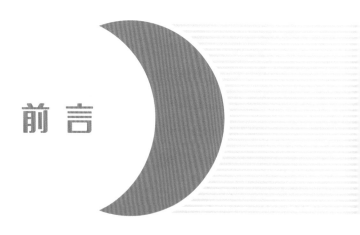

近年来，随着三维GIS、虚拟仿真技术和大数据等新一代信息技术的蓬勃发展和融合，林木单株生理结构的形象展示和整个森林场景的仿真再现由零星少量的前沿科学研究转向面向林业生产实践的探索，林业管理决策人员可以期待在不久的将来，不用到林地现地就能直观“看到”集中连片的、与最新的森林调查或监测结果匹配较好的林分仿真现场。

国家林业和草原局（原国家林业局）2016—2018年组织开展了东北国有林区森林资源规划设计调查（以下简称：重点国有林区二类调查）。本次调查是我国历史上首次集中国家力量、在重点国有林区统一开展的森林资源规划设计调查，通过3年的时间完成了重点国有林区全覆盖调查，建立了东北国有林区森林资源本底。值此重点国有林区森林资源普查的工作契机，同步采集重点国有林区主要树种样木三维结构参数和照片，开展主要树种单木建模和林分仿真研究，是业务需求升级和技术进步共同驱动的选择。

本研究结合重点国有林区二类调查工作，于2017—2019年陆续采集到50余种主要树种样木的三维结构参数和现场照片，最终成功完成了东北国有林区37种树种单木精细三维建模，建立了比较系统、完整的东北国有林区主要树种三维单木模型库，覆盖整个东北国有林区90%以上的森林面积。相比同类研究成果，具有建模数据来源实际调查、树种齐全、覆盖面广，充分反映森林资源调查成果林分特征、单木模型细腻逼真、海量三维森林场景画面流畅等特点。

基于单木三维模型库，创造性结合可视化技术和二类小班调查数据，开展小班尺度的林分仿真，建立大规模森林场景下的林分仿真平台。该平台精细刻画了重点国有林区森林资源小班的树种组成及不同年龄段主要树种的形态、株数、郁闭度、平均胸径、平均树高、下木（亚乔木和灌木）等重要林分特征，使管理决策部门可远程“看到”目标小班的典型林分特征，为森林资源管理部门掌握森林分布现状、开展森林经营方案和规划等提供了如临现场的森林情景，为重点国有林区林草智慧管理提供了技术平台支撑。本研究产生的大规模森林场景林分仿真成果相比倾斜摄影、激光雷达等现场情景静态仿真技术，具有较为突出的优势特征。本林分仿真成果基于东北国有林区树种单木模型库和森林资源二类调查成果数据，由于我国已建立森林资源“一张图”年度更新机制，因此大规模林分仿真成果建设成本低廉、数据动态更新能力强，树种类型可覆盖整个东北国有林区90%以上森林面积，规模业务应用优势突出。

随着虚拟现实技术和海量数据管理技术的日渐成熟，传统森林（林地）管理中，只能“看到”林地斑块的传统应用模式，将逐步升级到“看到”更为精细的林木资源，推动我国林草生产经营事业高质量发展。本报告将抛砖引玉，详细介绍、分享重点国有林区树种单木模型库和大规模森林场景下林分仿真平台的建设方法和技术，推动林草行业林分仿真成果走向广大林业基层的深入业务化应用。

编著者

2022年3月

目录

森林建模的研究现状和发展 1

森林属于复杂陆地生态系统，存在树木种类和数量繁多、分布面积大的特点，东北国有林区森林小班面积通常数十公顷，想要同时精细刻画数十个树种，并快速、流畅模拟小班级别的大规模森林场景现状，需要耗费大量的计算时间及资源，是一项极具挑战性的课题。随着三维GIS、虚拟现实和海量数据处理技术的日渐成熟，出现了树种单木建模以及大规模林分仿真建模的研究。早期主要使用树种几何结构模型或生长模拟模型，随着空间探测技术的发展，利用激光雷达点云技术、倾斜摄影技术开展林分仿真的新兴技术也蓬勃发展起来。

1.1 单木几何结构建模和大规模森林场景林分仿真

森林可视化技术的应用范围包括单木建模、景观建模和大规模森林场景建模等。根据森林可视化采用的不同技术方法原理，大致可分为基于单木几何结构建模、基于树木生长规则建模、基于激光点云建模、基于倾斜摄影建模等几种类型。

1.1.1 基于单木几何结构建模

单木几何结构模型不考虑树木的生理生长过程以及生长环境，根据树木的几何与拓扑结构、实测的树木参数实现三维可视化建模。几何结构建模法主要通过计算机图形学方法对树木直接进行三维可视化，可以对树木进行整体构造，或者将树木的不同部分（如树干、树枝、树叶等部分）采用不同的三维几何图形来表示。构造可视化的方法主要包括L（Lindenmayer）系统法、IFS（迭代函数系统法，ITerated Function System）法、DLA（有限扩散凝聚模型，Diffusion-Limited Aggregation）模型法、几何结构建模法、随机过程法等。

①L系统法。L系统是一种将植物形态形式化，并以数字符号的形式表现出来的方法。石银涛等[1]通过参数化L系统构建骨架，并以此为基础进行网格模型的重建，最后通过对树木模型的真实感渲染达到树木的三维仿真。谭同德等[2]基于树干的几何幂衰减规律，并结合图形渲染引擎OSG（Open scene graph）实现了三维树木的树干部分的绘制。孔令麒[3]基于改进的L系统进行了树木建模仿真研究。高扬[4]、张权义[5]基于参数L系统分别对小叶榕树和白杨树进行了建模。

②IFS系统法。IFS的基本思想是，分形具有局部与整体的自相似性，也就是说局部是整体的一个小复制品，只是在大小、位置和方向上有所不同而已，而数学中的仿射变换是一种线性变换，正好具有把图形放大、缩小、旋转和平移的性质。胡杰等[6]以槐树和松树分别作为合轴分枝树木和单轴分枝树木的代表，将父枝（一级枝）和子枝（二级枝）的枝长粗细比、方位角、仰角等参数进行分析推导，得到迭代函数系统的IFS码，并计算出每个仿射变换相应的概率，在三维空间中再现了不同自然景观的静动态。

③DLA模型法。DLA模型能够产生复杂的具有随机分形结构的图形，可以用于模拟自然界中的随机生长现象。该理论由T.A. Witten和L.M. Sander于1981年提出，适用于任何系统的聚集，其中扩散是系统中主要的传输方式。龙洁[7]结合树木形态模型和生长的特点，提出了基于分形理论与DLA理论的三维树木形态模型，实现了单株三维树模型的场景和简单森林景观的三维可视化模拟。

④几何结构建模法。几何结构建模法主要通过计算机图形学方法进行简单结合的结构模拟，实现对树木直接进行三维可视化，基于图形学方法主要有对树木整体进行构造与对树木进行多层次细分构造两种方法。

为更真实地对树木进行虚拟可视化，较多学者将树木分为树干、树枝、树叶等部分，分别对其进行可视化研究，将树干、树枝用三维几何图形来表示。Nikinmaa等[8]提出采用圆柱体结构方式重构赤松，对不同级的分枝计算出比例，如图1-1(a)所示。Bloomenthal[9]提出采用自由曲面将枝干之间光滑连接，树枝用广义圆柱描述更自然，如图1-1(b)所示，这种构造方式的树木比圆柱体直接构造的树更自然。

树木整体可视化：Weber等[10]提出了单株树木可视化整体形态结构模型，实现了使用不同参数对树木进行可视化，这种树木可视化主要针对单株树木，并且方法比较费时。Wesslen等[11]在Weber模型的基础上进行了改进，将树木参数顶点坐标进行存储，树叶采

(a)圆柱可视化　　(b)广义圆柱可视化

图1-1　几何结构构造的树木可视化

用几何轮廓的方法进行重构，比较真实地表现树木，如云杉、松树、桦树等，建立比较真实的一片树林。Runions等[12]提出基于空间点的树枝可视化。

树木不同部位可视化：陶嗣巍等[13]提出了一种树木几何模型参数化建模方法，采用圆锥台模型，建立了树干与树枝结构分层阶梯式模型，通过设置和修改长度、分枝角度等几何参数，实现了树木结构几何模型的快速生成和重建。赵庆丹等[14]提出基于OpenGL和VC ++的树木三维可视化模拟实现，采用红松的胸径、树高、枝条、弦长、基径、方位角、弓高的实测数据，实现静态单木可视化模拟。胡春华等[15]采用广义圆柱体法对梧桐进行三维可视化，树叶与枝干纹理采用纹理贴图方式对单株枫叶树进行三维可视化。

对于大树采用直接测量方法较难得到几何结构参数，阔叶树如杨树、鹅掌楸、梧桐树等，可综合树木几何拓扑结构参数与图像方法实现可视化，能较真实地反映树木结构模型。

⑤随机过程法。植物生长随机过程建模法，主要有参考轴技术、多尺度自动机以及双尺度自动机等建模方法。这些方法利用随机过程理论算法模拟作物的生长发育到死亡的过程。Chen等[16]利用Markov随机过程法对3D树木实现建模，手绘树木的分枝，构建出真实感较强的3D树木模型。

各方法优缺点比较见表1-1。

目前基于几何结构建模方法对树木可视化的效果较自然，但是这些可视化仅是针对树木“像”进行构造，不能反映真实的树木。

表1-1 基于树木生长规则的建模方法

建模方法	优点	缺点
L系统法	对植物初始状态的描述和抽象经过有限次的迭代，可以形成非常复杂的分形图形。侧重于植物拓扑结构的表达，定义简洁、结构化程度高	形式呆板，对使用者的植物知识理论要求较高
IFS系统法	认定几何对象的全貌或局部，在仿射变换的意义下，具有自相似结构。存储量小，编程简单，不同树种的适用性较强	树木总体相似程度较高
DLA模型法	算法简单，随机性较强，可以描述各种分形生长和凝聚现象	缺少树木本质的信息，树木结构相似程度高
几何结构建模法	描述树木各组成部分的形状和空间位置，描述简单，建模灵活	逻辑性不强，拓扑结构复杂
随机过程法	机理性强，符合植物实际的生长状况	机理分析难度较高，拓扑结构复杂

1.1.2 基于树木生长规则建模

树木的生长是一个复杂的生物过程，受到地理、地形、土壤、气候等外部环境因素和竞争等内部因素的影响。结构—功能模型（Functional-Structural Tree Modeling, FSTM）是基于器官级组件构建的将树木结构和功能结合起来的一类模型，有助于了解生长过程及环境的影响[17,18]，例如树木种间的竞争作用影响树冠的三维外形[19]。20世纪60年代，国内外研究学者就开始通过构建模型模拟树木形态。

许多学者基于树木生长的过程，将树木基本模型、生理过程、环境和竞争因素等引入树木可视化模型建立中。Palubicki[20]在Wesslen的基础上对树木的树芽部分进行了研究，将可视化模型建立在生物学假说的基础上，通过树木的芽和枝条对光或空间的竞争主导的自组织过程发育形成不同的树木形态，并受到树木机体内部信号机制的调控，可视化效果如图1-2所示，单木模型在不同的生长过程和形态中展示得更加细节化、差异化。熊瑛等[21]采用马尔可夫随机过程理论和隐式半马尔可夫模型建立了苹果树枝条分枝结构的随机模型，用VC++平台结合OpenGL图形引擎实现了苹果树枝条生长过程的三维可视化仿真。国红等[22]基于18年和41年生的油松成年树建立了Greenlab结构模型，对油松破坏性的采取分层测量其生物量，建立各级枝节间生物量随年轮变化的模型，解决了年轮分配模式在不同年龄和环境条件下不同的问题。LIGNUM模型[23]基于树木的生理生长过程，考虑树木结构的基本模型、树木的生长规律以及广泛的环境因素，包括光照、土壤水分分布，以及与其他植物争夺空间，都被纳入到模型中，形成了有生物学意义的模型系统。

图1-2　树芽控制生长机理的单木模型

只有将树木的形态特征与生长过程结合起来，构建的树木模型才更有意义。将生长模型与可视化技术相结合，可以动态反映出林木的生长过程。雷相东等[24]基于单木生长模型，计算年龄、胸径、树高等单木生长参数，使用三维编程工具实现单木生长可视化。马载阳等[25]通过对林木的活枝下高、冠高、冠幅作为林木冠形描述因子和空间数据分析，分析冠形描述因子与年龄、水平、垂直空间结构参数的关系，建立不同空间结构下杉木冠形的生长变化模型。覃阳平等[26]以杉木人工林为研究对象，分析了空间结构与竞争对三维可视化林木和林分的影响。

1.1.3　基于激光点云建模

单木建模数据量相对小、不用考虑周边环境，是比较理想化的建模情景，而大片森林的仿真展示，则需要考虑数十万、甚至上百万株树以及生长环境的构建。真实的森林场景通常树木分布并不均匀，树木的疏密程度往往不同，因此场景显示速度和画面真实感一直是森林场景仿真领域研究的两个关键点。为了增强森林模拟画面真实感，陈红倩[27]提出了基于动态纹理技术的森林仿真方法，代杜亮[28]提出了几何与图像相结合的混合式建模方法，改善了森林场景实时动态模拟的显示效果。

为提高场景显示速度，孙文全[29]提出了多项复杂场景加速绘制优化策略，解决树木数量众多、树木模型复杂的情况下高效大规模种植树木的问题。夏佳佳[30]提出的基于空间相似性的植物生长模型计算加速方法、LOD模型混合表达方法及董天阳[31]提出的多风格融合的复杂森林场景自适应可视化方法，不仅提升了复杂森林场景的绘制速度，使森林场景的快速漫游具有更好的稳定性和流畅性，而且保证了不同级别模型之间的平缓过渡，减少了模型切换时的跳跃感，增强了森林场景显示的真实感。张宁[32]采用竞争指数模型对杉木林分进行了模拟，为林分空间结构的恢复和重建提供理论依据。刘海[33]利用自定义的数字化树木编码构建森林可视化环境，在一定程度上加快了复杂森林环境的构建速度，并解决了大尺度森林环境表现单一化的问题。

卢康宁[34]研究了杉木、形态结构变化与可视化，结合杉木生长环境模型与杉木形态结构对杉木进行可视化研究，该模型仅针对部分地区杉木苗进行了随环境变化的可视化模型，并没有系统地对不同区域的杉木从育苗到大树的生长过程建立生理生态结构模型，如图1-3所示。Parveaud等[35]对核桃树建立三维可视化模型，主要研究核桃树不同树龄叶的数量，不同光照下树叶的面积、方位角及叶片形状等，并重构了不同树龄的核桃树。李思佳等[36]基于样本库的林分生长动态可视化模拟方法能实现胸径、树高、冠幅、活枝下高4个指标的生长可视化，构建大规模杉木森林动态可视化模型，如图1-4所示。

图1-3　杉木林分可视化

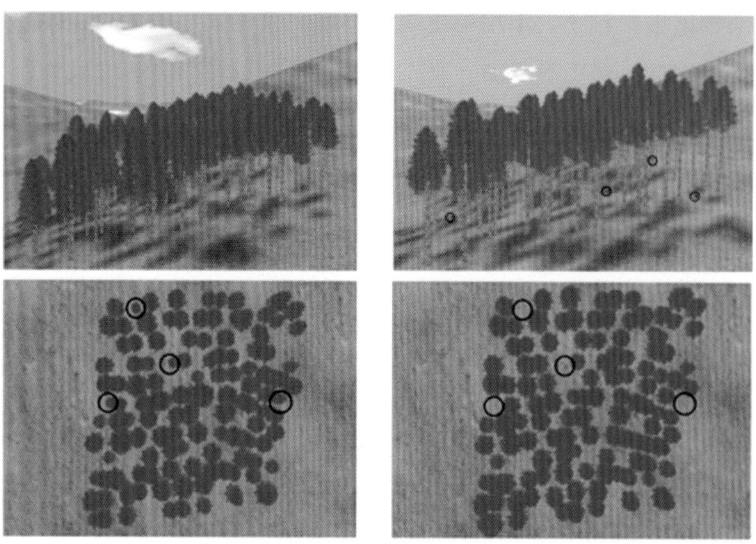

图1-4　林分生长动态可视化模拟

注：图中黑色圆圈用于突出表示枯损木

纵观以上树木仿真及森林场景仿真领域目前的研究成果可以发现，由于缺乏森林资源实地调查数据和真实树种精细参数，当前树种建模的研究基本都是通过对个别树种形态结构的研究、抽象、虚拟，进而指导树木建模。这些研究大多停留在模型效率研究或主要应用于虚拟动画情景，难以进入林业业务领域，指导生产实践。能够利用实地调查的样木全景参数准确地进行多树种建模，且实现林分级别的大规模、集中连片的森林三维场景展示的研究较为少见。

高金萍等[37,38]通过东北、内蒙古重点国有林区的二类调查信息展示系统，依据地面调查数据、树种参数、无人机激光雷达飞行数据，还原林分中不同树种、龄组和郁闭度的树木姿态、树叶等细节，建立与二类调查成果相关联的树种模型库，实现苇河林业局飞行试验区林分场景仿真模拟，如图1-5所示。

图1-5 重点国有林区二类调查成果大规模仿真系统

1.2 基于激光雷达点云建模

激光雷达（Light Detection and Ranging, LiDAR）是一种主动式遥感技术，激光雷达扫描森林后获取的光谱反射信息，即点云数据，能够精准表达森林植被空间三维坐标，从底部到顶部完整显示一株树的形状。根据采集的点云数据可以反映每株树的个体差异，可以收集树木参数，实现树木的三维可视化并构建复现森林场景。

常见的激光雷达扫描获取方式有机载激光扫描（ALS）、移动激光扫描（MLS）和地面激光扫描（TLS）等方式。黄洪宇等[39]分析了当前激光雷达点云数据重构三维树的主要做法，围绕点云数据的分割、树枝骨架的提取与优化、模型的表面重建等主要过程，对各种具体树木模型实现方法和精度进行了比较分析。徐志扬等[40]通过无人机激光雷达采集的点云数据，提取某一树种树冠上部结构参数，如树冠顶点、树高、冠幅和上部冠长，对单木点云按照一定高度间隔进行分层切片，采用最优模型进行单木外围轮廓的拟合与三维可视化。王国利等[41]通过机载激光雷达点云数据进行单木切割，采用层堆叠分割方法对点云数据提取，通过景观设计软件进行森林场景模拟。黄志鑫等[42]采用背光激光雷达采集单木点云数据，对地面点与树叶点进行滤波处理，得到单木枝干点云，通过动态圆柱拟合算法计算实现完整单木骨架曲线的提取。原始点云提取的单木模型如图1-6所示。在有些情景下，如树木之间存在遮挡、或有风吹动等，采集的数据不稳定，较难提取树木真实的特征。

图1-6　单木激光雷达原始点云提取的单木模型

激光雷达扫描平台有星载、机载和地面等扫描设备，其中星载和机载适用于大片森林或树林。尽管根据激光雷达点云数据采用合适的技术能实现树木三维可视，但是对树木的叶片实现准确地分割以及可视化仍然比较困难。Jean-François等[43]通过一个体系结构模型将LiDAR和树结构属性联系起来，使用LiDAR扫描结合异速生长关系来定义树冠中叶的总量，并建立树的分枝结构。Vega等[44]介绍了一种用于从激光雷达点云中提取林木的多尺度动态点云分割算法PTrees，在不同的尺度上进行切割建模。

基于激光雷达点云数据法实现树木三维可视化技术采集的数据比摄像机采集数据多，且受光照影响较小，但存在飞行成本高、后期数据处理流程较繁琐、工作量大等问题。

1.3 基于倾斜摄影建模

无人机倾斜摄影技术（图1-7）从垂直、倾斜多个不同角度采集带有空间信息的航空影像，真实地反映地物的外观、位置和高度等信息，弥补了传统人工建模仿真度低的缺陷[45]。无人机倾斜摄影系统从多角度拍摄获取倾斜影像，通过空三加密和匹配算法，从多视影像中提取更多特征点构成密集点云。曹明兰等[46]采用无人机倾斜摄影系统与背包式三维激光扫描系统相结合的森林景观三维场景建模方法，通过无人机倾斜摄影系统借助搭载的多目相机从不同视角同步采集多视影像，获取到丰富的地物顶部及侧视的高分辨率纹理信息，三维模型感官真实性强。李涛等[47]基于无人机倾斜摄影技术，提出切割法和投影法两种提取树冠投影面积的方法，提取单木因子进行单木建模。

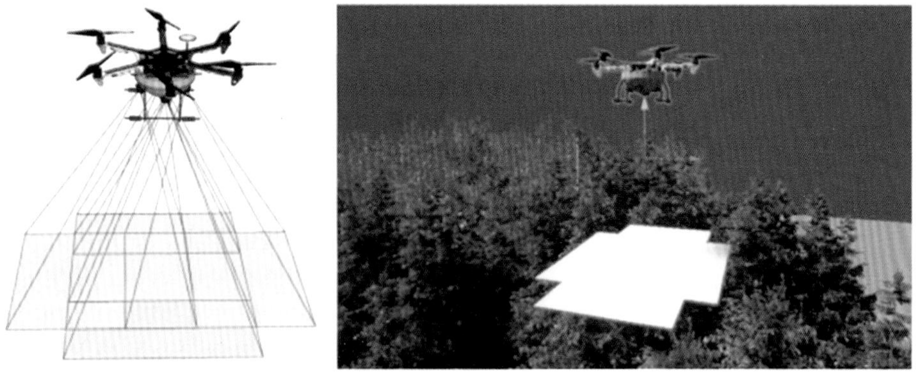

图1-7 无人机倾斜摄影示意图

基于无人机倾斜摄影构建的局部三维模型，从顶部看森林、道路、房屋等地物的结构与轮廓清晰、纹理特征真实。但在侧面细节中，由于无人机拍摄角度导致林冠下被遮挡部分的模型漏洞和模糊不清等问题较严重。而且利用倾斜摄影技术采集森林景观影像数据时，由于林冠下 GPS 信号差、树冠间相互衔接密闭，难以找到地面控制点标记、无法设置控制点，导致无法保证倾斜摄影结果的精度。

1.4 林业应用能力分析

不同的森林可视化构建方法适用于不同的场景和生长过程。目前几种方法的特点及实现难点见表1-2。

表1-2 不同森林可视化方法的对比

建模方法	主要特点	实现难点
单木结构建模+大规模森林场景林分仿真	1. 模型参数和贴图纹理基于现场采集的典型样木参数和照片，现场还原度高，效果逼真 2. 树种可分多个年龄段建模，具有较强的代表性，模型可以适用于全国各个地区同一树种，复用性好；可扩展细化，满足更精细树种三维展示需求 3. 大规模森林场景仿真中可较为真实展示不同树种的树木生长形态结构和模拟现场，展示度较高	1. 全国森林树种较多，需要获取较多的树种参数和样木照片，建立树种单木三维模型库 2. 单木树种模型数据量大，大规模场景下如何实现数万、数十万株树木展示，面临展示效率难题 3. 实现森林数据的动态更新，需要根据不同树木的生长过程重新建模或者采集数据 4. 需要获取林分的动态特征，才能动态展示森林的变化
基于激光雷达点云建模	1. 可以反映每株树的个体差异，并从底部到顶部完整显示一株树的形状 2. 能够精准快速的获取森林植被空间三维坐标和林分信息等 3. 可以获取大尺度森林信息，实现森林场景建模	1. 飞行成本相对高、后期数据处理流程较繁琐、工作量大 2. 点云密度直接制约林分仿真效果，点云密度非常高时，仿真效果才会比较逼真 3. 在有些情景下，如树木之间存在遮挡、或有风吹动等，采集的数据不稳定，较难提取树木真实的特征 4. 建模成果展示的是静态数据，如要体现森林的动态变化需要重新采集数据
基于倾斜摄影建模	1. 从顶部看森林、道路、房屋等地物，结构与轮廓清晰、纹理特征真实 2. 可以获取大片森林信息，实现森林场景建模	1. 在侧面细节中，由于无人机拍摄角度导致林冠下被遮挡部分的模型漏洞和模糊不清等问题较严重 2. 由于林冠下 GPS 信号差、树冠间相互衔接密闭，难以找到地面控制点标记、无法设置控制点，导致无法保证倾斜摄影结果的精度 3. 飞行成本相对高、后期数据处理流程较繁琐、工作量大 4. 建模成果展示的是静态数据，如要体现森林的动态变化需要重新采集数据

2 基于单木树种建模和二类调查数据的大规模森林场景建模

2.1 研究宗旨和目标

当前林业工作中，以小班（全覆盖图斑）为基本管理单元的森林资源精细管理技术已日渐成熟，将森林资源小班区划和调查成果落实到斑块已成为森林资源现代管理的基本要求，然而如何实现大规模森林场景仿真，将林地小班上生长的林木"立起来"，使森林资源管理人员不用爬山涉水就能直观"看到"集中连片的、与森林现状和调查结果吻合度高的森林现场，提高森林资源决策、经营和管理的效率和效果，是森林资源管理部门多年来关心但未解的难题。

2016—2018年东北、内蒙古重点国有林区规划设计调查工作，通过信息展示平台已将调查本底成果落实到山头地块，但是林地上的树木生长状况，包括树种组成、分布、年龄、胸径、树高等多项重要林分因子信息只能查看在小班地块空间中的分布边界及属性表信息，仍然无法直观展示森林现场树木的生长情况及整个林分典型特征。与此同时，纵观大规模森林场景仿真领域技术发展和研究现状，三维GIS、虚拟现实技术、互联网和海量空间数据处理技术已实现较好融合，实现"大规模森林场景仿真"的突破和创新已具备较成熟的技术基础，长期的业务需求和日渐成熟的信息技术，促成东北国有林区树种建模和大规模林分仿真项目建设。

本项目基于三维GIS和互联网平台探究重点国有林区主要树种单木建模和以小班为单位的大规模森林场景仿真模型，建设东北国有林区大规模林分仿真平台，精细刻画东北国有林区森林资源小班树种组成、株数、郁闭度、龄组、平均树高、下木等重要林分特征，较好解决森林资源调查结果"再现"难题，使林业管理人员不用跋山涉水深入到林子里就能直观“看到”集中连片的、与调查数据匹配的森林现场仿真画面，为森林资源经营管理部门掌握森林现状、开展森林经营决策等提供直接支持，为重点国有林区智慧林业管理提供技术保障。

2.2 主要研究内容

2.2.1 东北国有林区主要树种照片和参数采集

依据2016年东北国有林区森林资源二类调查结果，优选出40多个乔木、亚乔木和灌木树种，借助东北国有林区2016—2018年度开展二类调查的契机，2017—2018年在黑龙江、吉林、内蒙古大兴安岭地区3个地区开展优势树种三维参数专项采集，2019年进行了补充采集。根据树种单木建模需要，制定《树种三维建模照片和结构参数采集技术规范》，对东北国有林区优势树种三维参数的采集提出了详细的技术规范和要求。

2.2.2 研究建立东北国有林区主要树种（含灌木）三维模型库

基于实地调查数据和真实树种参数，开展东北国有林区主要优势乔木（亚乔木和灌木）树种单木精细三维建模，覆盖了重点国有林区90%以上森林面积，建立起东北国有林区主要树种单木三维模型库。

2.2.3 东北国有林区森林场景仿真研究和实现

利用三维地理信息系统、虚拟现实技术和海量数据处理技术等手段，建立大规模森林场景林分仿真平台。平台根据东北国有林区二类调查得到的小班的树种类型和每种类型的树种株树信息，将不同树种单木模型仿真的林木按照小班郁闭度、平均胸径、平均树高，乔、灌草分层结构等基本特征“种”入林地中，实现以小班为基本展示单位的大规模森林场景业务仿真，创新性实现林业管理人员远程“林中看树”。

2.3 研究数据

2.3.1 主要树种三维建模采集数据

据2017—2018年树种采集及2019年补充采集结果，获取了东北国有林区37种主要乔、灌木树种单木三维照片和结构参数数据，覆盖东北国有林区90%以上林地面积。

2.3.2 重点国有林区二类调查成果数据

2016—2018年重点国有林区森林资源二类调查成果，覆盖东北国有林区五大森工（现为六大森工）87个林业局112个森林经营单位（林业局）近250万个小班数据。

小班调查成果主要包括小班面积、优势树种、龄组、小班树种组成、小班树种平均胸径、小班树种平均树高、郁闭度、林下灌木树种、小班株树和覆盖度、土壤、地形地貌等百余项调查因子。表2-1列出了小班主要调查因子和数据样例。

表2-1 小班主要调查成果

小班号	小班面积（平方米）	优势树种（株）	龄组	树种组成	平均胸径（厘米）	平均高（米）	郁闭度	下木覆盖度	小班株数（株）
00001	16.64	150	2	5落4柞1山	13.70	14.50	0.59	0.30	16657
00002	4.20	150	2	8落2白	15.70	15.80	0.66	0.30	3776
00003	13.78	421	2	7白3落	15.50	16.80	0.66	0.30	15158
00004	7.44	150	2	6落4柞	13.70	14.50	0.59	0.30	7418
00005	14.47	421	2	7白3落	15.50	16.00	0.66	0.30	15903
00006	11.69	421	2	7白3落	15.50	16.80	0.74	0.30	12847
00007	4.89	150	2	6落4柞	13.70	15.10	0.66	0.30	5213
00008	3.97	150	2	6落4柞	13.70	14.50	0.59	0.30	3974
00009	28.29	421	2	7白3落	15.50	16.80	0.66	0.30	31147
00010	16.61	150	2	7落3白	15.70	16.40	0.66	0.30	14849
00011	3.32	150	2	7落3白	13.80	15.20	0.66	0.30	3018
00012	8.73	150	2	8落2白	15.70	16.40	0.73	0.30	7848
00013	3.80	591	4	8山2白	15.60	16.90	0.66	0.30	4252
00014	10.12	150	2	8落2白	15.70	16.40	0.73	0.30	9199
00015	23.90	150	2	7落3白	15.70	15.80	0.73	0.30	21534
00016	14.77	150	2	8落2白	15.70	15.80	0.66	0.30	13308
00017	7.17	150	2	8落2白	15.70	15.80	0.66	0.30	6453
00018	26.74	421	2	7白3落	15.50	16.80	0.66	0.30	29414
00019	20.92	150	2	8落2白	15.70	16.40	0.73	0.30	19037
00020	13.02	421	2	7白3落	15.50	16.80	0.66	0.30	14361

2.4 研究方法

2.4.1 基于现场采集数据的树种单木精细化建模技术

树种的建模技术是计算机图形学与林业信息化近年研究的热点，树种模型需要满足两个要求：一是效果，二是效率。专业的单株树效果要树干纹理清晰、树枝分叉符合树种特点、树叶颜色和外形能够区分……一般的三维软件会忽略这些要求，完全以显示效率为导向，导致树叶无法区分，树枝和树干纹理不清。而专业的树种模型需要考虑树木生长和细节状态，根据树种类别以及生长特征构造单木三维模型。图2-1是非专业模型和专业模型的对比。

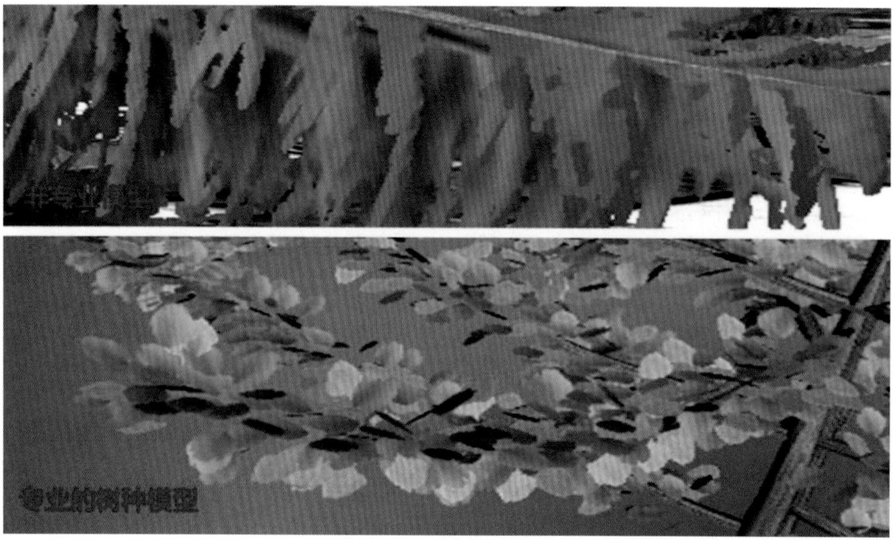

图2-1 非专业树种模型（上）与专业树种模型（下）的对比

根据项目建立专业树种模型的需求，本研究中树木建模采用片状树建模和精细树建模相结合两种模式，分别应用于远近两种不同场景。

（1）片状树建模。以3DS模型为基础，将3DS模型转化为片状树，然后对图像进行调整，使其刚好包围整株树。片状树模型制作相对简单，对数据存储空间要求低，远距离、大规模展示森林场景时效率高，但二维形态不适用近距离场景观测。

（2）精细树建模。精细树建模利用专业建模套件，分阔叶类、针叶类、灌木、草本、花等对应的类别开展建模。根据树种生物学所属的科，匹配合适的模型，重点关注冠形、树干、树枝及树叶结构总体特征，根据不同树种生物学特性，选择适用的树种模型，根据每个树种采集的不同样木参数和形态照片，精细调整胸径、树高、枝条间距、枝条角度、二轮及更精细的枝条量及树叶量。为了保留模型的参数并随机将叶子材质分类，使模型更加真实自然，需要利用制图等专业软件对采集树种叶片、树干、树枝等材质进行修正，使树皮、树叶照片更清晰，去除透视、增加透明通道，叶子外轮廓之外设置为透明色。然后对每个单木模型的干、枝叶等各个部位纹理贴图，形成逼真的单木模型。精细树建模技术复杂，数据存储量大，效果真实感好。精细树所占空间巨大，需要记录上万片叶子的形态特征，需做好模型大小的平衡。

以白桦、松树（红松）和杨树3个树种为例，展示了东北几个典型的乔木树种精细树建模示意图（图2-2），及几个东北国有林区典型灌木单木精细建模成果示意图（图2-3）。

2.4.2 大规模森林场景建模优化和实现

大规模森林场景建模是系统技术难点之一，也是重要创新内容之一。项目充分挖掘三维可视化、虚拟现实技术和地球GIS等新兴技术和方法，创造性在二类调查的每个小班地面上，开展林分仿真建模。

2.4.2.1 基于动态纹理技术和硬件加速技术的快速仿真

动态纹理技术利用动态光照技术模拟人眼自动适应光线变化的能力，快速将光线渲染得非常光亮，然后将亮度逐渐降低，最终效果是亮处的效果是鲜亮，而黑暗处的效果是能分辨物体的轮廓和深度。硬件加速技术是利用硬件模块来替代软件算法以充分利用硬件所固有的快速特性（硬件加速通常比软件算法的效率要高），从而达到性能提升、成本优化的目的。

在进行大规模森林仿真前，需要先将所有已建模树种建立树种库。森林资源三维数据场景数据量一般较大，所产生的纹理、图像数据分辨率较高，现有常规的软件可视化算法难以达到林木纹理渲染和实时交互显示的效果。为使树种模型在小比例尺下近一步优化，需使用易景片状树工具生成LOD模型。最终利用易景树库工具将生成的LOD模型和3DS生成的精细树模型建立树种库。

2.4.2.2 LOD三维渲染效率提升技术

树种单木模型动态加载（俗称“种树”）到三维场景展示并流畅浏览中需要考虑三个问题：如何加载到三维场景中；动态树在三维场景中的渲染问题；海量树种数据是否能够流畅的浏览。海量树种场景包含大量的专业树种模型，专业的树种模型（如单个阔叶树种模型大约有2万个顶点、1.5万个三角面；针叶树种大约有10万顶点、6万三角面）同时带来显示系统的巨大压力，在满足显示效果的同时，本研究采用LOD技术和大规模森林场景建模技术来满足实时浏览的需要。

(a)白桦　　(b)松树　　(c)杨树

图2-2　东北典型乔木树种精细树建模示意图

(a)蓝莓　　(b)绣线菊

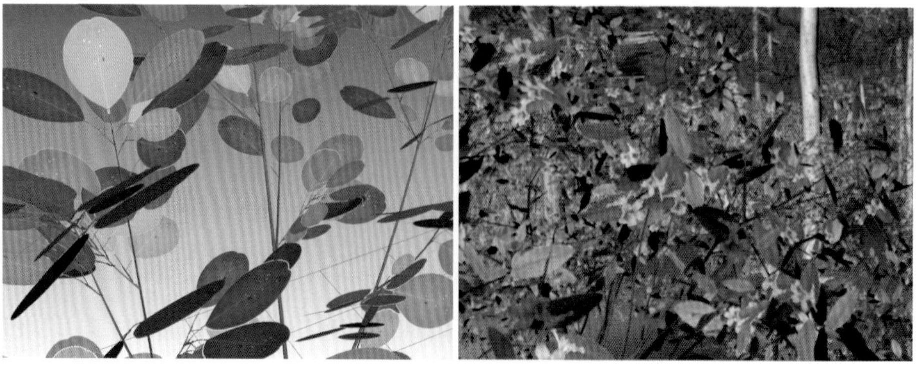

(c)胡枝子　　(d)杜鹃

图2-3　东北典型灌木单木精细建模示意图

LOD（Levels of Detail）技术根据屏幕分辨率或者人眼视野局限性原理开展工作。当一株树在几千米外浏览时，无法分辨出每片树叶，也就意味着远距离可采用简单模型描述它；距离越近需要越精细的模型，微距时每个叶子都是单独的多边形。对于每个树种模型，LOD模型可设置多个显示级别（一般3级），远近距离切换时，人眼分辨不出变换差异。实际运算中将按照屏幕分辨率和模型距离来计算需要显示的精度，采用相应的LOD级别去描述。这样既提升了显示效率，同时大幅降低了对内存和计算的压力。

LOD技术根据物体模型的节点在显示环境中所处的位置和重要性，决定物体渲染的资源分配，降低非重要物体的面数和细节度，从而获得高效的渲染运算。LOD技术在不影响树木视觉效果前提下，通过逐步简化树枝的表现细节纹理减少模型三角面的数量，从而提高三维渲染效率（图2-4）。

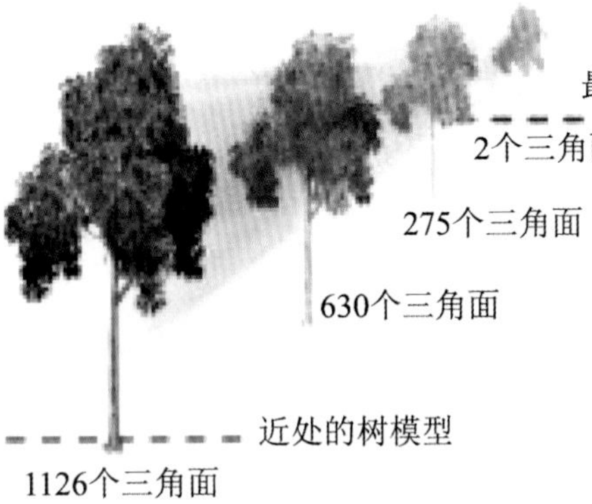

图2-4　树模型采用LOD后远近对应的三角面个数说明

LOD的级别根据林木模型离摄像机的远近距离决定，离摄像机近的采用高精度树模型，反之采用低精度模型。这种技术可以在很大程度上降低树木模型在显卡渲染中占用的资源，如果全部采用近处树模型来渲染，那100万株树模型就有100亿以上的三角面，这对显卡是一个很大的负担，而采用LOD技术，第1级到第4级的树木模型显示大约比例为1%、10%、39%、50%，这样对100万株树木模型渲染的三角面个数可以控制在1亿以下。目前计算机显卡硬件水平能够一次渲染5亿左右的三角面，所以采用LOD技术是渲染大规模林木模型必不可少的。

图2-5至图2-7组展示了LOD技术下林分仿真场景由远到近景的展示效果。

2.4.2.3　随机模型和随机参数多重展示技术

现实森林是复杂多样的，不可能存在两株形态和大小完全相同的树木，即使是同一株树，不同的季节、天气、不同年份形态都不太一样，而三维场景中只是对一个树种有

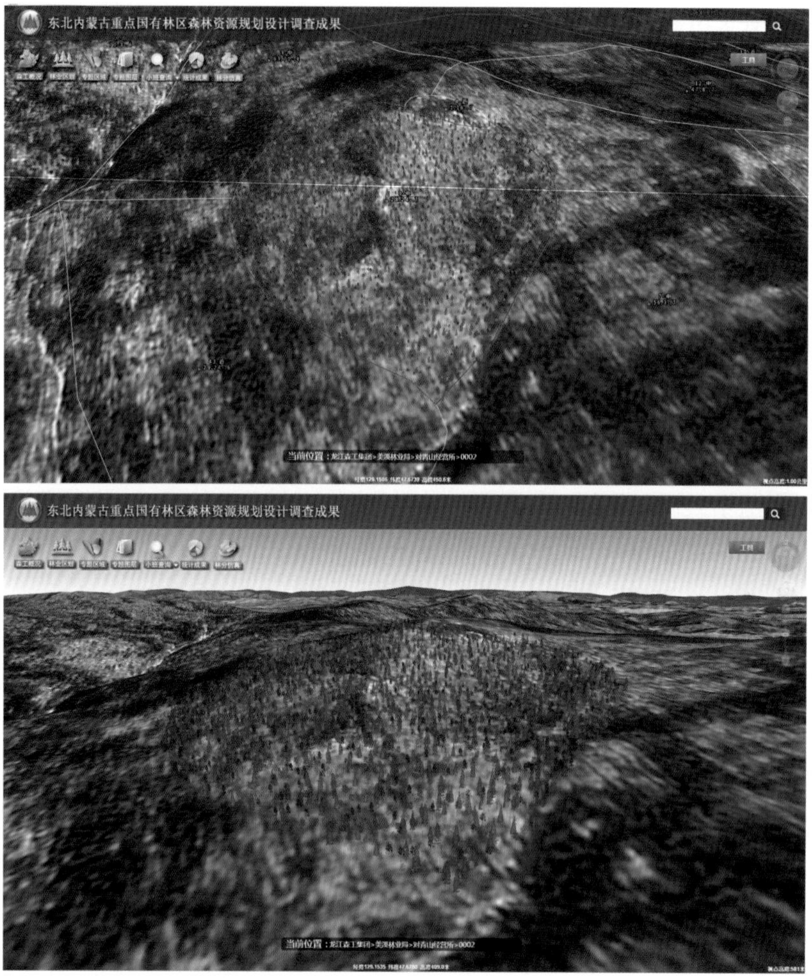

图2-5　LOD技术下林分仿真场景远景展示效果

限的模型进行展示，容易出现视觉上的重复和单一的感觉。

林木仿真的远景展示中常用片状树模型技术。片状树模型以一张图片为基础制作，这张图片在浏览时，时刻正对摄像机的方向，造成远视角下比较逼真的效果。但是仔细观察，会发现在不同方向浏览时，所看到的森林是相同的模样，因此林分仿真真实性上会有一些偏差。近景展示中使用的树种库模型技术，尽管单个树种可以有3个不同年龄段的模型对应，但模型的细分度远远跟不上实际森林的千姿百态和变化。无论采用片状树模型还是精细的树种库模型，树林里面的树看上去都会产生较为单调的感觉，系统在实现中采用了随机模型和随机参数多重显示技术来提升观感的丰富度和真实感。

（1）随机模型多重展示技术

为了更加逼真地模拟林分，同一区域的树木生长也应是多时期、多形态，需要随机

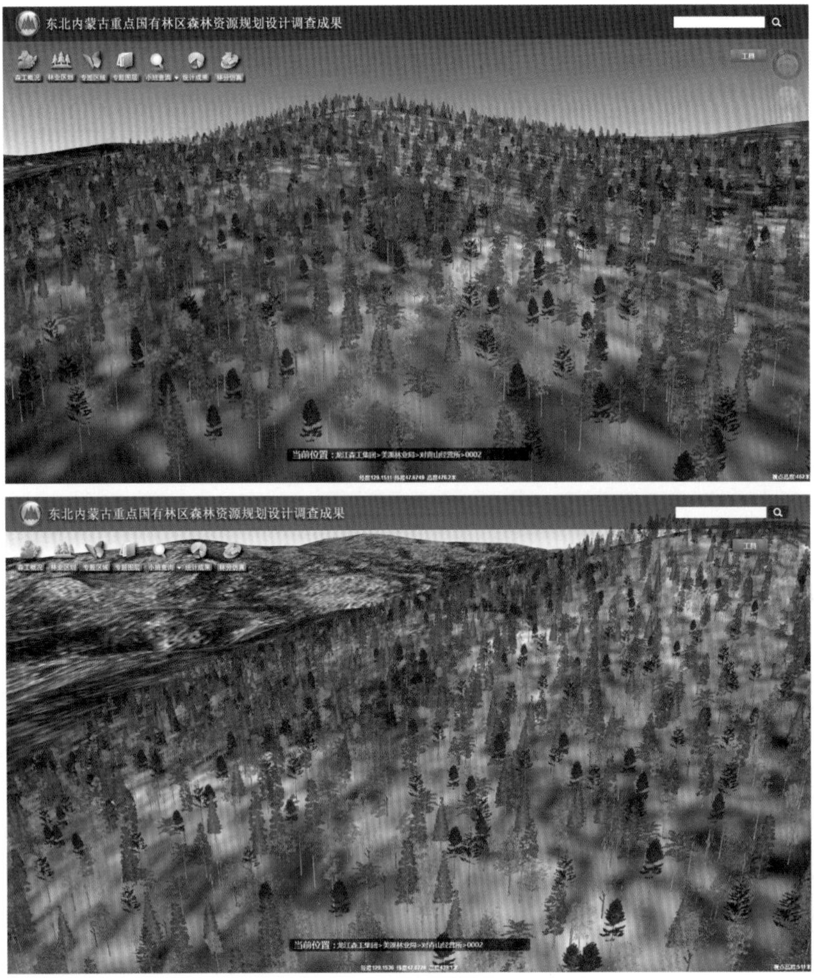

图2-6　LOD技术下林分仿真场景中景展示效果

种植不同时期的树木模型，如幼龄模型、中龄模型、大龄模型。可选择的模型越多，则场景的真实性就越高。可以达到同一树种的每一株树的显示形态都不一样。对于片树模型，因为其显示技术决定了它不支持角度旋转参数，因此仅利用缩放参数和位置参数的随机性得到的树木模型仍然看上去很单调。因此可以利用随机模型引用技术，多制作一些片状树模型。

（2）随机参数多重展示技术

随机参数多重展示技术支持各种树模型的参数随机设置和显示，包括影响树木模型表现形式和效果的相关因子，如种植位置、种植大小、旋转角度等。位置随机参数是在植树的指定位置周围一定的偏移量，这样树木看上去就不是整齐划一的阵列；缩放随机参数，可以使树木看起来大小不一，也可以指定相对于原始模型的缩放倍数范围，但是

图2-7　LOD技术下林分仿真场景近景展示效果

对于同期的树种参数的范围不能太大；旋转角度随机参数，可以随机设置角度，摄像机在某一个视角下看到的树模型虽然是同一个模型生成的，但是由于各个模型的旋转角度不同，因此看到的样子也就不同（图2-8）。

2.4.3　基于二类调查小班调查成果的林分特征表达

林分仿真场景中（图2-9），利用二类调查小班主要林分因子，如树种组成、优势树种、龄组、平均年龄、郁闭度、树高、胸径、灌木层和草本层等分布特征，控制林分仿真场景中树高、胸径、年龄结构、灌木、草本等重要林分特征，达到真实刻画小班林分林木资源现场情景的目标（表2-2）。

图2-8 树木模型旋转角度参数设置

表2-2 森林场景模型中主要林分控制指标

编号	小班调查成果	对应的森林场景参数及功能
1	小班边界和面积	森林场景范围
2	龄组及平均年龄	按龄组分成3个阶段，不同龄组树种模型形态不一
3	树种组成	控制树种种类、树种株数
4	平均胸径	控制整个林分的平均胸径
5	优势木平均高	控制优势木平均高度
6	郁闭度/覆盖度	控制林分仿真场景中树冠覆盖度
7	林下灌木树种	控制林下灌木树种显示
8	林下灌木平均高度	控制林下灌木高度显示
9	林下灌木盖度	控制林下灌木显示的疏密度
10	小班株数	控制小班场景中树木总数

图2-9　林分仿真场景

系统较为逼真还原了东北国有林区典型林分林型特征。下图分别为内蒙古落叶松白桦-杜鹃伴生林和落叶松白桦-榛子伴生林的仿真场景。

图2-10　内蒙古落叶松白桦-杜鹃伴生林仿真结果示意图

图2-11　内蒙古落叶松白桦-榛子伴生林仿真结果示意图

2.4.4 海量空间数据网格数据管理技术

东北国有林区面积超过了3200万公顷，总数据量到达了TB级，在三维系统中快速加载和无缝浏览这样大面积区域，成为三维中快速渲染一个技术上的门槛。为了实现在三维系统中快速渲染东北国有林区地形、影像、调查矢量数据等，需要通过林地落界矢量数据网格化划分，并建立空间索引，采用空间网格数据管理方式，以达到在三维系统中快速渲染东北地区三维要素数据的目的。本研究主要采用的方法如下。

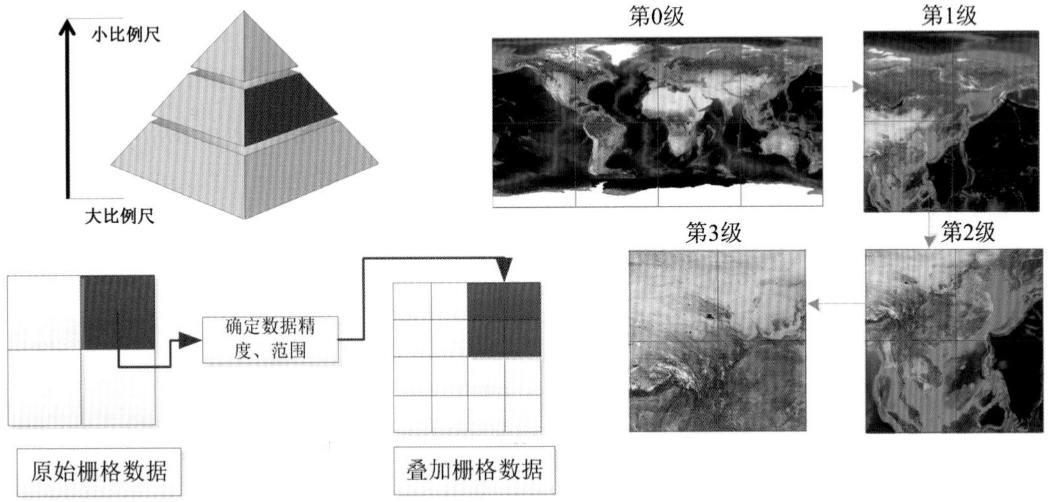

图2-12 金字塔结构示意图

2.4.4.1 四叉树索引

对东北国有林区DEM、遥感影像数据以及林业调查矢量数据采用四叉树方式建立空间索引，即通常所说的金字塔结构。金字塔结构采用基于四叉树的瓦片数据层叠加技术来存储组织瓦片划分方式，其原理说明如下：

第0级将全球划分了4×2块，全球坐标范围经度［-180度，180度］，纬度［-90度，90度］，其中心位于经度0度与纬度0度，然后每个瓦片作为一个四叉树的父节点，依次按照2×2细分地球表面。

2.4.4.2 空间网格数据管理

以64位长整型数值标记金字塔结构中每一块数据（Block），采用文件方式存储（东北地区单个文件大小可以达到50G以上），方便实际使用中的数据拷贝（人工）和网络传输。

表2-3　空间网格数据分类

数据名称	格式	范围
地形	edem	东北国有林区
遥感影像	edom	东北国有林区
二类调查矢量数据	env	东北国有林区
树模型	etl	内蒙古大兴安岭、黑龙江大兴安岭国有林区
树样本模型	etf	内蒙古大兴安岭、黑龙江大兴安岭国有林区
地理行政矢量数据	env	东北国有林区

2.4.4.3　三维可视化区域检索研究

在数据可视化范围内，显示的数据量是有限的，在这有限的数据请求要求中，金字塔结构可以快速实现可视化范围内的数据检索。

模拟人眼看到的事物远近不同导致看到的事物精细程度也就不同，根据这一原理，在三维场景中离摄像机越远，可以采用减少三角面或者采用几个三角面来表达三维物体（图2-13）。

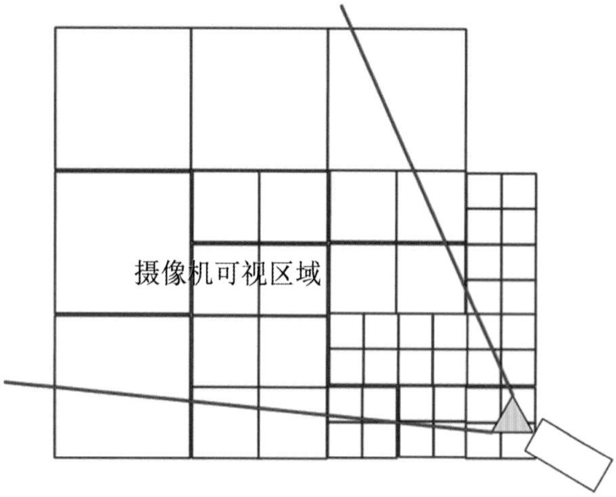

图2-13　摄像机可视区域示意图

这种方式有下面几个优点：

（1）数据快速检索；

（2）不同区域可以快速融合，实现无缝浏览；

（3）数据级别方便控制；

（4）控制数据保密级别和范围，方便不同比例尺数据直接的融合。

主要树种三维照片和结构参数采集和成果 3

本书依据东北国有林区2016年森林资源规划设计调查小班调查成果中优势树种统计结果，在所有乔木、亚乔木和灌木树种中，按照覆盖面积的大小顺序，选取林地面积累计超过总林地面积80%的树种进行优势树种三维参数专项采集。依据2016年二类调查结果，优选出30多种（近40种）乔木、亚乔木和灌木，2017—2018年在黑龙江、吉林、内蒙古大兴安岭地区3个地区开展优势树种三维参数专项采集，2019年根据样本量需要进行了补充采集。

3.1　树种三维采集数据和技术要求

根据树种单木三维建模要求，编制《树种照片和参数采集技术要求》，针对筛选得到的树种开展样木三维数据采集。

各个树种的样木数据采集包括照片采集和树种参数采集两个部分。为较好刻画同一树种不同年龄阶段、不同生长环境的不同形态特征，每个树种需要采集幼树、中幼龄林、大龄林3个不同生长阶段的样木建模参数，每个年龄阶段采集至少3株典型样木以备使用。

根据树种照片及外业采集技术规范规定，针对性选择具备该树种普遍特征的树木，在条件允许下应尽量完整填写胸径、树高、枝下高、枝间距、冠幅等参数。小乔木部分参数可不填，但必须采集胸径和枝下高。

3.1.1　树种冠形结构参数表设计

树种结构参数因子包括：冠幅、胸径、枝下高、一轮枝直径、主干与侧枝夹角、枝间距、枝条角度上扬比例等，需采集的单木结构参数如图3-1所示。

树木的数据采集需要得到如下信息。

（1）冠幅：测量树的南北向或东西向宽度值。

（2）胸径：树干的直径，在地面以上1.3米处测量树的胸径，这是指的乔木，如果是灌木的话就在根部测量一下直径就可以。

（3）枝下高：测量从地面到第一个活着的侧枝距离，树下的枯死枝条不算。

（4）一轮枝：主干上的侧枝，估算距离主干最近处侧枝的直径。

（5）枝条角度：是指主干与侧枝的夹角。

（6）枝间距：是指相邻2个侧枝之间主干的长度。

（7）枝条角度上扬比：假设测得枝条角度为80度，则估算小于80度的枝条百分比。

根据上述的信息可以真实构建现实中表达树木的仿真模型，但要想更真实的表现树木的纹理特征，还需要采集不同树种的照片，具体包括树皮和树叶。

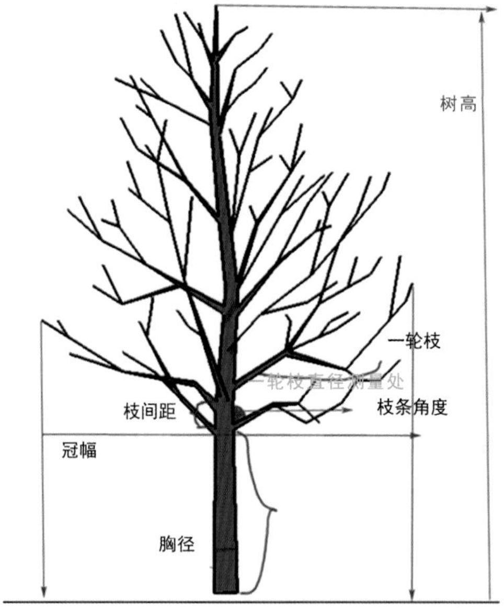

图3-1　树种参数采集示意图

3.1.2　树种样木高清照片采集

为了更真实、更精细地表现树木的纹理特征，还需要采集不同树种的照片。拍摄树皮和树叶时避免绿苔、油漆、虫蛀、树疤等，选择比较干净的地方整面拍摄，保持左右亮度一致，拍摄树叶时最好将叶片平铺在白纸上。目前硬件厂家提供的显卡渲染中对图片纹理长和宽的要求是2的N次方，这样才能发挥硬件的最大性能，而树木模型的纹理最大为512×512即可满足人眼观看树木模型纹理的视觉失真效果。纹理过大会导致单株树模型文件太多而在计算机内存占用太多的资源，从而延时显卡与内存之间数据交换的时间。

每个乔木（亚乔木）树种要根据树龄采集9株（3个不同生长阶段，每个年龄阶段各采集3株）样树的照片，每株样木需采集合格的整株树、局部树枝（枝叉）、树皮、树叶照片各3张。若有枯枝、断枝等情况也需对枯枝、断枝进行照片采集。拍摄照片时，要求采用尽可能高的分辨率，图片文件至少3M以上，纹理清晰，方便后期处理。

3.1.2.1　树木外形［整株树、树枝局部形状、枯枝（断枝）］照片采集要求

（1）树木外形拍照包括整株树、树枝局部形状、枯枝（断枝）等。

（2）整株树照片3张，能够识别整株样木，多个角度拍摄。

（3）树枝局部形状照片3张，能够清晰地展示树枝局部形状，如一轮枝形态。

（4）其他张照片3张，如枯枝、断枝等（如果有的话）。

照片采集示例如图3-2所示。

(a) 整株树姿态照片示意图

(b) 局部树形照片示意1

(c) 局部树形照片示意2

图3-2　树木外形采集示意图

3.1.2.2　树皮采集要求

拍摄树皮照片时，要求纹理清晰不模糊，方便后期处理（图3-3）。

图3-3　树皮图像采集示意图

3.1.2.3　树叶采集要求

树叶拍照尽量有白色衬底，叶子边缘清晰，方便后期用图像处理软件抠取树叶素材，树叶采集照片示例如图3-4。

图3-4　树叶（鼠李）图像采集示意图

3.2　主要树种专项采集清单

根据筛查结果，确定27种乔木调查树种，24个亚乔木调查树种，25个灌木调查树种，树种名称见表3-1。

表3-1　主要调查树种（组）表

序号	乔木树种（组）	亚乔木树种	灌木树种（组）
1	冷杉（臭松）	刺槐	柳灌
2	云杉	山槐	沼柳
3	落叶松	千斤榆	丛桦
4	红松	暴马丁香	绣线菊
5	樟子松	青楷槭	刺玫
6	赤松	花楷槭	偃松
7	长白松	波纹柳	沙棘
8	黑松	稠李	胡枝子
9	紫杉（红豆杉）	花楸	东北赤杨
10	蒙古栎（柞树）	山桃稠李	小檗
11	白桦	山丁子	杜鹃
12	枫桦	东北山杏	栎灌
13	黑桦	山梨	金篓梅
14	水曲柳	兴安鼠李	珍珠梅
15	胡桃楸	岳桦	红瑞木
16	黄波罗	水榆花楸	兴安柳
17	榆树	花曲柳	稠李子
18	紫椴	钻天柳（红毛柳）	茶藨子
19	糠椴	果树类	接骨木（马尿骚）
20	杨树	苹果（沙果）	麻黄
21	香杨	榛子	五味子（藤本）
22	柳树	假色槭	山葡萄（藤本）
23	山杨	光叶山楂	忍冬
24	毛赤杨（水冬瓜赤杨）		刺五加
25	大青杨		卫茅
26	甜杨		笃斯越橘（蓝莓）
27	槭树（白牛槭、色木槭、拧筋槭）		

3.3 主要树种三维建模数据采集成果

本书以内蒙古大兴安岭林区的典型树种白桦为例，介绍白桦的三维建模数据采集结果。白桦是大兴安岭林区主要代表树种之一，通过采集白桦三维结构参数高清照片，共获得了幼龄、中龄和大龄3个年龄阶段各3株以上样木数据，白桦高清照片采集成果如图3-5，展示了处于大龄阶段的某白桦样木的整株、主干、树枝、树叶等照片。白桦各样木三维结构参数采集结果见表3-2。

(a) 白桦树皮　(b) 白桦树叶

(c) 白桦局部树枝　(d) 白桦整株树

图3-5　白桦样木高清照片采集成果示例

表3-2　白桦样木三维结构参数采集数据示例

树种名称	树龄阶段	树龄	样木编号	树叶纹理所需材料：阔叶树叶针叶树针长度（cm）	树叶纹理所需材料：阔叶树叶针叶树针宽度（cm）	整株树参数：胸径（cm）	整株树参数：树高（m）	整株树参数：冠幅（m）	整株树参数：枝下高（m）	一轮枝：枝条直径（cm）	一轮枝：枝条角度（°）	一轮枝：枝间距（cm）	一轮枝：枝条角度上扬比例（%）
白桦	幼龄	4	1	5.6	3.4	2.0	2.8	1.0	1.8	0.8	40	20.0	85
		4	2	8.1	4.2	—	2.0	1.0	0.4	0.2	45	9.0	80
		2	3	7.2	3.7	—	1.7	1.0	0.5	0.2	40	7.0	80
	中龄	22	1	9.1	5.2	14.2	15.0	4.5	7.0	1.5	70	60.0	75
		32	2	9.0	7.0	16.7	16.0	5.0	6.5	1.7	65	55.0	70
		27	3	9.0	6.8	15.6	15.5	4.7	7.0	1.7	70	60.0	80
	大龄	45	1	8.2	5.0	25.2	18.0	7.0	5.0	2.0	70	50.0	70
		56	2	9.1	5.5	36.6	17.0	7.5	7.2	4.0	40	100.0	70
		47	3	11.1	9.2	26.8	19.0	7.2	7.0	2.6	60	120.0	70

3.4　主要树种三维结构参数清单

2017—2018年在黑龙江、吉林、内蒙古大兴安岭地区3个地区开展树种三维结构参数专项调查，获取了白桦、落叶松、蒙古栎、冷杉、甜杨、岳桦、樟子松等共计20个树种较为完整的建模数据，2018年针对2017年采集的树种缺漏进行了补充采集后，累计获取近40种树种较为完整的建模数据。

3.4.1 乔木树种

表3-3 乔木树种三维结构参数采集数据

序号	树种名称	树龄阶段	树龄	样木编号	树叶纹理所需材料		整株树参数							
					阔叶树叶针叶树针长度	阔叶树叶针叶树针宽度	胸径	树高	冠幅	枝下高	一轮枝			
											枝条直径（厘米）	枝条角度（度）	枝间距（厘米）	枝条角度上扬比例（%）
					（厘米）		（厘米）	（米）						
1	冷杉（臭松）	幼龄	5	1	2.0	0.2	—	1.2	0.4	0.5	0.2	80	5.0	70
			4	2	3.2	0.2	—	0.5	0.4	0.2	0.2	80	5.0	70
			3	3	3.1	0.2	—	0.3	0.4	0.2	0.2	80	3.0	75
		中龄	21	1	2.2	0.2	14.0	8.5	3.5	1.0	1.0	85	40.0	80
			12	2	2.2	0.2	8.0	8.0	3.7	0.8	0.5	80	30.0	80
			16	3	2.2	0.2	12.0	9.0	4.0	1.0	0.5	80	32.0	80
		大龄	82	1	3.0	0.2	26.1	18.9	6.7	2.0	1.0	80	35.0	80
			85	2	2.2	0.2	28.0	19.0	6.9	1.7	2.0	85	30.0	80
			77	3	2.2	0.2	22.5	18.5	6.0	0.4	1.0	85	30.0	80
2	云杉	幼龄	6	1	1.7	0.1	—	1.5	1.0	0.4	0.7	85	11.0	80
			4	2	1.4	0.1	—	0.5	0.2	0.1	0.2	85	4.0	80
			4	3	1.9	0.1	—	0.5	0.3	0.1	0.1	80	5.0	80
		中龄	12	1	1.9	0.1	6.0	4.0	2.7	0.3	1.2	90	7.0	90
			22	2	2.1	0.1	14.0	10.0	3.7	0.4	1.5	100	45.0	90
			22	3	2.1	0.1	12.0	11.0	4.0	0.5	1.5	100	40.0	80
		大龄	87	1	2.2	0.1	32.0	21.0	8.5	0.5	4.0	105	50.0	35
			90	2	2.3	0.1	34.0	22.0	8.7	4.7	4.7	100	65.0	45
			87	3	2.2	0.1	32.0	21.0	8.7	5.0	5.0	95	55.0	40
3	落叶松	幼龄	4	1	2.1	0.1	—	1.6	0.6	0.3	0.2	80	15.0	70
			4	2	2.2	0.1	—	1.0	0.4	0.2	0.1	80	10.0	70
			3	3	1.7	0.1	—	1.2	0.4	0.3	0.1	80	10.0	70

（续表）

序号	树种名称	树龄阶段	树龄	样木编号	树叶纹理所需材料		整株树参数							
					阔叶树叶针叶树针长度	阔叶树叶针叶树针宽度	胸径	树高	冠幅	枝下高	一轮枝			
											枝条直径（厘米）	枝条角度（度）	枝间距（厘米）	枝条角度上扬比例（%）
					（厘米）		（厘米）	（米）						
3	落叶松	中龄	12	1	2.0	0.1	6.0	7.2	1.5	2.2	1.0	75	30.0	70
			16	2	2.0	0.1	10.0	11.3	2.0	2.2	1.0	75	45.0	70
			20	3	2.2	0.1	16.0	15.0	3.0	3.7	2.0	75	45.0	70
		大龄	46	1	2.1	0.1	44.0	21.2	7.7	6.7	6.2	75	90.0	80
			47	2	2.0	0.1	42.0	21.5	8.0	8.0	6.0	80	100.0	80
			42	3	2.1	0.1	46.0	20.7	8.0	7.7	5.7	75	92.0	80
4	红松	幼龄	4	1	6.0	0.1		0.2	0.1	0.1	0.1	80	10.0	30
			5	2	7.5	0.1	0.9	0.2	0.1	0.1	0.3	80	10.0	20
			6	3	9.5	0.1	0.7	0.2	0.1	0.1	0.2	80	10.0	40
		大龄	86	1	8.8	0.1	42.2	17.5	8.2	6.2	6.0	85	20.0	90
			121	2	10.1	0.1	48.1	20.7	9.7	5.6	6.7	90	27.0	70
			96	3	10.7	0.1	37.1	19.6	7.7	8.0	3.2	90	30.0	80
5	樟子松	中龄	27	1	5.8	0.1	16.2	14.5	4.5	5.0	1.5	85	50.0	80
			14	2	6.0	0.1	10.6	11.0	3.5	4.5	1.5	80	45.0	70
			16	3	6.0	0.1	12.4	11.5	4.0	5.0	1.5	80	50.0	75
		大龄	37	1	5.5	0.1	30.2	18.0	6.2	6.0	3.0	70	60.0	70
			42	2	5.7	0.1	32.0	19.0	6.7	7.0	3.0	70	70.0	70
			33	3	5.7	0.1	24.0	17.0	6.5	7.6	2.0	70	65.0	65
6	长白松	幼龄	11	1	8.8	0.1	3.1（根茎）	1.78	0.72	0.22	0.33	90	14	60
				2	9.6	0.1	2.9	2.85	1.6	0.39	0.45	90	15	75
				3	6.8	0.07	1.8（根茎）	1.35	0.66	0.59	0.15	90	9	25

（续表）

序号	树种名称	树龄阶段	树龄	样木编号	树叶纹理所需材料：阔叶树叶针叶树针长度（厘米）	树叶纹理所需材料：阔叶树叶针叶树针宽度（厘米）	整株树参数：胸径（厘米）	整株树参数：树高（米）	整株树参数：冠幅（米）	整株树参数：枝下高（米）	一轮枝：枝条直径（厘米）	一轮枝：枝条角度（度）	一轮枝：枝间距（厘米）	一轮枝：枝条角度上扬比例（%）
6	长白松	中龄	46	1	8.7	0.1	25.3	8.9	6.4	2.7	4.5	85	46	55
				2	5.1	0.07	15.7	8.0	3.9	2.68	2.1	80	48	25
				3	9.8	0.08	9.8	5.3	4.6	1.45	2.4	73	82	30
		大龄	187	1	7.5	0.1	52.6	22.8	12.5	14.7	11.8	65	17.8	90
				2	7.2	0.1	54.4	19.8	14.3	12.3	10.2	81	42	70
				3	7.8	0.1	55.1	16.6	7.9	9.7	9.6	88	60	60
7	蒙古栎（柞树）	幼龄	4	1	13.5	11.2	0.3	1.6	1.2	0.7	0.2	35	25.0	60
			3	2	14.1	9.9	0.3	1.7	0.4	0.4	0.5	60	25.0	60
			2	3	12.5	8.5		1.0	0.4	0.4	0.2	60	10.0	55
		中龄	26	1	12.0	7.5	12.1	12.0	5.5	5.0	1.5	70	150.0	70
			30	2	12.7	8.4	16.7	13.7	5.7	3.7	6.0	60	150.0	70
			27	3	11.9	8.0	14.2	13.0	5.0	3.5	3.7	60	130.0	70
		大龄	70	1	14.0	8.0	26.6	20.0	11.0	7.0	2.0	70	100.0	30
			70	2	14.5	8.5	33.0	22.0	10.0	12.0	6.0	70	70.0	20
			89	3	12.1	7.7	41.2	17.6	9.7	5.7	10.0	45	120.0	70
8	白桦	幼龄	4	1	5.6	3.4	2.0	2.8	1.0	1.8	0.8	40	20.0	85
			4	2	8.1	4.2		2.0	1.0	0.4	0.2	45	9.0	80
			2	3	7.2	3.7		1.7	1.0	0.5	0.2	40	7.0	80
		中龄	22	1	9.1	5.2	14.2	15.0	4.5	7.0	1.5	70	60.0	75
			32	2	9.0	7.0	16.7	16.0	5.0	6.5	1.7	65	55.0	70
			27	3	9.0	6.8	15.6	15.5	4.7	7.0	1.7	70	60.0	80

（续表）

序号	树种名称	树龄阶段	树龄	样木编号	树叶纹理所需材料：阔叶树叶针叶树针长度（厘米）	树叶纹理所需材料：阔叶树叶针叶树针宽度（厘米）	整株树参数：胸径（厘米）	整株树参数：树高（米）	整株树参数：冠幅（米）	整株树参数：枝下高（米）	一轮枝：枝条直径（厘米）	一轮枝：枝条角度（度）	一轮枝：枝间距（厘米）	一轮枝：枝条角度上扬比例（%）
8	白桦	大龄	45	1	8.2	5.0	25.2	18.0	7.0	5.0	2.0	70	50.0	70
			56	2	9.1	5.5	36.6	17.0	7.5	7.2	4.0	40	100.0	70
			47	3	11.1	9.2	26.8	19.0	7.2	7.0	2.6	60	120.0	70
9	黑桦	幼龄	15	1	3.5	2.7	6.5	5.8	3.1	1.5	2.2	60	30	60
			15	2	3.0	2.2	4.3	4.5	2.9	1.3	1.5	70	40	50
			15	3	3.2	2.3	4.2	4.7	2.8	1.2	2.1	80	40	80
		中龄	25	1	5.5	3.3	9.3	9.1	4.5	5.7	4.0	70	60	60
			45	2	6.0	3.5	12.0	11.8	4.8	5.8	5.0	70	80	50
			25	3	5.2	3.3	8.9	8.7	4.5	4.3	4.0	80	40	80
		大龄	65	1	7.5	4.8	16.6	12.5	4.9	5.9	5.6	70	60	80
			75	2	8.0	5.2	17.8	13.4	5.2	5.4	3.6	80	90	60
			55	3	7.2	4.4	15.6	12.6	5.0	5.7	6.5	70	80	60
10	水曲柳	幼龄	3	1	30.2	18.2	1.0	2.0	1.0	0.5	0.8	75	30.0	70
			3	2	24.0	14.2	0.5	1.5	0.7	0.3	0.2	70	10.0	70
			2	3	18.2	10.4	0.7	1.7	0.8	0.9	0.3	70	20.0	70
		中龄	24	1	35.2	22.0	12.6	11.7	4.1	5.0	2.1	65	70.0	75
			36	2	17.0	5.0	16.2	12.9	5.2	5.5	4.7	65	70.0	70
			20	3	22.2	7.5	10.7	9.6	2.7	7.0	2.0	50	22.0	60
		大龄	80	1	12.2	4.1	28.2	19.0	6.2	6.8	7.0	45	60.0	70
			70	2	17.7	5.7	24.1	18.0	4.5	9.0	4.0	45	70.0	70
			72	3	12.1	3.4	26.1	19.0	5.7	7.0	6.2	40	70.0	65

（续表）

序号	树种名称	树龄阶段	树龄	样木编号	树叶纹理所需材料：阔叶树叶针叶树针长度（厘米）	树叶纹理所需材料：阔叶树叶针叶树针宽度（厘米）	整株树参数：胸径（厘米）	整株树参数：树高（米）	整株树参数：冠幅（米）	整株树参数：枝下高（米）	一轮枝：枝条直径（厘米）	一轮枝：枝条角度（度）	一轮枝：枝间距（厘米）	一轮枝：枝条角度上扬比例（%）
11	胡桃楸	幼龄	4	1	38.2	22.5	0.5	0.6	1.0	0.5	0.2	85	5.0	90
			3	2	37.0	21.2	0.4	0.7	0.8	0.6	0.2	90	5.0	90
			2	3	45.0	27.0	0.4	0.7	0.9	0.6	0.2	85	5.0	90
		中龄	24	1	52.1	33.7	10.2	8.5	5.2	4.5	2.6	80	170.0	80
			22	2	20.7	8.0	10.7	7.0	4.2	1.5	2.0	75	120.0	80
			14	3	19.0	8.0	6.0	5.1	1.7	2.7	1.0	75	110.0	75
		大龄	72	1	17.7	7.0	33.2	17.1	8.0	7.2	7.0	30	75.0	70
			70	2	17.5	6.5	30.0	16.7	8.7	8.0	7.5	35	70.0	70
			70	3	20.0	7.0	26.7	15.7	6.0	6.0	9.0	40	70.0	70
12	黄波罗	幼龄	4	1	9.1	4.2		2.0	1.0	1.0	0.2	70	40.0	70
			4	2	8.7	4.0		1.6	1.0	0.5	0.2	70	30.0	70
			4	3	8.9	4.2	2.0	3.0	1.2	1.0	0.2	65	40.0	65
		中龄	48	1	9.0	3.5	14.2	10.1	3.7	6.1	3.0	35	70.0	60
			70	2	10.2	4.0	20.2	17.9	5.7	6.9	4.1	40	65.0	70
			67	3	9.7	3.7	18.1	17.0	5.0	5.2	4.0	37	65.0	60
13	榆树	幼龄	3	1	8.2	3.5	0.7	2.0	1.2	0.6	0.5	35	10.0	70
			4	2	8.0	5.0	1.0	2.4	1.5	0.2	0.5	40	15.0	70
			4	3	9.2	4.3	1.2	3.0	1.5	1.0	0.5	60	40.0	70
		中龄	17	1	10.0	4.5	16.2	11.5	7.0	3.5	4.2	40	120.0	65
			11	2	5.5	3.5	4.0	5.0	2.5	3.0	1.0	70	60.0	60
			21	3	13.0	6.5	12.0	9.2	4.5	4.0	4.5	40	150.0	70
		大龄	36	1	8.1	4.2	21.4	12.0	5.5	4.0	6.0	40	150.0	70
			41	2	7.0	4.1	24.2	14.5	7.5	4.5	6.0	75	45.0	70
			30	3	6.0	3.7	20.6	11.0	6.0	3.5	4.2	50	50.0	75

（续表）

序号	树种名称	树龄阶段	树龄	样木编号	树叶纹理所需材料：阔叶树叶针叶树针长度（厘米）	树叶纹理所需材料：阔叶树叶针叶树针宽度（厘米）	整株树参数：胸径（厘米）	整株树参数：树高（米）	整株树参数：冠幅（米）	整株树参数：枝下高（米）	一轮枝：枝条直径（厘米）	一轮枝：枝条角度（度）	一轮枝：枝间距（厘米）	一轮枝：枝条角度上扬比例（%）
14	紫椴	中龄	22	1	11.5	6.5	10.2	8.0	3.5	4.0	2.0	40	120.0	70
			14	2	14.0	8.5	8.5	5.0	3.0	2.5	1.0	40	80.0	70
			9	3	12.0	6.5	6.5	5.6	4.2	4.2	1.0	45	60.0	65
15	柳树	幼龄	4	1	9.1	3.1	0.8	2.3	1.4	1.0	0.6	70	40.0	80
			3	2	7.0	2.5	0.4	1.5	0.3	0.4	0.1	85	10.0	70
			4	3	7.1	1.4		2.5	1.0	0.5	0.2	80	20.0	70
		中龄	24	1	10.1	2.2	16.0	7.1	4.5	1.3	4.0	45	50.0	60
			26	2	16.0	3.5	17.0	12.0	6.0	2.2	6.0	45	60.0	70
			22	3	9.4	2.0	14.0	8.0	5.5	1.5	6.2	50	60.0	70
		大龄	47	1	8.0	2.2	23.7	11.5	4.5	2.7	7.0	50	120.0	75
			51	2	9.5	2.0	26.7	12.1	7.1	3.0	7.5	60	80.0	70
			50	3	9.0	2.1	20.9	11.6	6.0	4.0	7.0	55	90.0	70
16	山杨	幼龄	2	1	13.1	6.0		1.3	0.2	0.5	0.2	80	5.0	70
			1	2	14.0	8.5		0.5	0.2	0.3	0.1	80	3.0	70
			2	3	15.0	8.0		1.2	0.2	0.9	0.1	80	3.0	70
		中龄	10	1	11.5	6.0	10.6	9.0	3.5	4.0	0.7	70	140.0	80
			9	2	10.5	7.5	8.2	8.2	2.7	3.5	0.7	85	100.0	80
			12	3	12.5	9.4	11.0	12.0	3.5	6.5	1.2	75	140.0	75
		大龄	30	1	12.2	6.3	27.6	15.5	7.8	5.5	6.0	60	170.0	70
			21	2	14.0	7.2	24.7	17.5	5.0	5.0	2.5	65	120.0	60
			24	3	13.2	7.5	23.5	18.0	5.5	5.5	3.0	70	150.0	75

（续表）

序号	树种名称	树龄阶段	树龄	样木编号	树叶纹理所需材料：阔叶树叶针叶树针长度（厘米）	树叶纹理所需材料：阔叶树叶针叶树针宽度（厘米）	整株树参数：胸径（厘米）	树高（米）	冠幅（米）	枝下高（米）	一轮枝：枝条直径（厘米）	枝条角度（度）	枝间距（厘米）	枝条角度上扬比例（%）
17	甜杨	幼龄	8	1	9.5	5.7	1.1	1.3	0.3×0.3	0.5	0.3	80	40	80
				2	9.5	5.7	1.1	1.1	0.2×0.2	0.8	0.5	80	40	80
				3	9.5	5.7	2.1	2.1	1.5×1	1.4	0.3	90	40	80
		中龄	25	1	9.5	5.7	14.5	13	4×4	3	6	80	40	80
				2	9.5	5.7	14.5	13	5×4	4.5	6	60	50	90
				3	9.5	5.7	11.3	12	4×3	3	6	70	40	80
		大龄	50	1	9.5	5.7	14.5	17	9.5×8	5.6	10	45	30	90
				2	9.5	5.7	14.5	20	10×8	4.5	12	50	40	90
				3	9.5	5.7	14.5	20	11×10	4	10	50	40	90
18	槭树（白牛槭、色木槭、拧筋槭）	幼龄	4	1	8.9	10.0	2.0	4.0	2.5	1.1	0.3	95	80.0	20
			4	2	12.0	6.0	4.0	4.5	3.0	1.2	0.7	90	45.0	30
			3	3	10.2	8.2	0.8	1.5	0.7	4.0	0.3	80	15.0	70
		中龄	27	1	5.0	12.5	10.0	12.0	6.0	4.0	3.0	85	50.0	20
			22	2	12.1	4.1	6.2	5.7	2.4	2.5	1.0	60	40.0	60
			22	3	10.2	10.0	6.2	5.5	2.8	3.2	1.0	60	25.0	70
		大龄	75	1	9.0	11.0	22.5	17.0	8.0	3.7	8.6	70	35.0	30
			92	2	12.4	4.3	32.7	9.7	8.5	2.0	4.2	80	20.0	80
			97	3	9.0	3.3	36.0	16.0	10.7	7.2	8.1	75	80.0	70

3.4.2 亚乔木树种

表3-4 亚乔木树种三维结构参数采集数据

序号	树种名称	龄组	树龄	样木编号	树叶纹理所需材料：阔叶树叶针叶树针长度（厘米）	树叶纹理所需材料：阔叶树叶针叶树针宽度（厘米）	整株树参数：胸径（厘米）	整株树参数：树高（米）	整株树参数：冠幅（米）	整株树参数：枝下高（米）	一轮枝：枝条直径（厘米）	一轮枝：枝条角度（度）	一轮枝：枝间距（厘米）	一轮枝：枝条角度上扬比例（%）
1	暴马丁香	幼龄		1	7.5	3.3	0.5	2.1	1	0.4	0.5	70	15	74
				2	9	4.5	3	3.5	3	0.4	1	65	20	70
				3	9	4.3	5.8	5.5	3.5	1	1	70	40	65
		中龄		1	7.5	3.5	14	9	5	1.3	1	78	120	65
				2	8	4.2	12.5	8	4.5	3	3	85	50	80
				3	8	4.5	16	11	6	5	10	80	55	85
		大龄		1	12	3.5	18.8	15	4	1.8	2	70	50	80
				2	12	3.5	26	17	6	2	12	70	1	75
2	青楷槭	幼龄（1～4年）	4	1	12.1	5.0	—	1.6	0.4	1.0	0.2	35	11.0	90
			3	2	10.6	4.7	—	1.8	0.3	0.5	0.2	50	20.1	85
			4	3	12.0	4.9	—	2.0	0.4	1.2	0.2	50	25.0	80
		中龄	6	1	19.0	19.0	1.8	2.0	1.7	0.7	0.7	50	43.0	40
			8	2	5.5	15.0	2.2	3.0	2.5	1.2	2.0	50	38.0	10
			27	3	24.1	12.7	14.0	7.8	4.0	3.2	2.4	70	46.0	85
		大龄	47	1	20.4	13.0	26.0	12.0	4.7	4.1	5.2	85	152.0	90
			32	2	17.1	11.9	21.2	11.0	3.8	5.0	5.0	70	87.0	80
			30	3	16.2	11.8	20.4	10.9	3.9	4.0	5.0	70	85.0	90
3	花楷槭	幼龄		1	13	7	1	2	1.5	1.3	0.5	80	13	80
		中龄		1	13	7	11.1	7	3	1.5	1	70	80	80
4	稠李	幼龄	9	1	8.2	3.8	3	3.9	2.9	1.5	0.7	25	49	60
				2	8.4	4.2	1.1（根茎）	1.65	0.6	0.45	0.3	90	10	80

（续表）

序号	树种名称	龄组	树龄	样木编号	树叶纹理所需材料：阔叶树叶针叶树针长度（厘米）	树叶纹理所需材料：阔叶树叶针叶树针宽度（厘米）	整株树参数：胸径（厘米）	整株树参数：树高（米）	整株树参数：冠幅（米）	整株树参数：枝下高（米）	一轮枝：枝条直径（厘米）	一轮枝：枝条角度（度）	一轮枝：枝间距（厘米）	一轮枝：枝条角度上扬比例（%）
4	稠李	幼龄	9	3	10.9	6	4.7	6	4.1	2.3	2.1	75	32	71
		中龄	23	1	8.5	4.9	8.5	7	3.9	2.5	4.6	43	60	60
				2	7.9	4.2	5.5	6.5	3.5	2.8	0.4	90	30	80
				3	8.2	4.9	6.7	4.3	3.6	1.75	1	82	37	60
		大龄	53	1	9.5	4.9	22.6	12.1	9.9	2.7	13.5	60	80	70
				2	8	4.5	18.4	15.3	6.7	5.5	8.7	26	55	90
				3	10.2	5.5	19.5	13.6	6.8	2.2	6.9	32	33	60
5	山丁子	幼龄	8	1	3.5	3.1	1.5	1.8	2.9	1.3	0.2	50	20	90
				2	3.8	3.2	1.7	1.5	2.7	1.1	0.5	60	25	80
				3	5.3	4	1.8	1.3	2.6	1.0	0.3	50	25	90
		中龄	25	1	6.6	5.5	4.3	4.1	4.3	5.5	2.0	55	30	90
				2	8	5.6	7.0	6.8	4.6	5.6	1.5	45	25	80
				3	8.2	5.4	3.9	3.7	4.3	4.1	1.8	60	30	90
		大龄	55	1	11.1	8.2	11.6	7.5	4.7	5.7	4.5	45	40	80
				2	11.7	9.4	12.8	8.4	5.0	5.2	3.8	50	30	90
				3	11.1	8.5	10.6	7.6	4.8	5.5	6.3	55	40	80
6	岳桦	幼龄	10	1	5.3	3.2	2（根茎）	1.48	0.75	0.54	0.3	65	5	75
				2	5	3.4	2.6	3.2	1.68	0.85	0.5	85	15	60
				3	4.9	3.5	4.6	4.8	2.78	0.9	1.5	50	40	80
		中龄	28	1	6	3.8	14	10	4.5	1.6	4	90	35	100
				2	5.9	4.6	9.1	8	3.1	1	1.5	25	20	60
				3	5	3.9	6.6	5.7	3.3	1.5	1	60	28	80

（续表）

序号	树种名称	龄组	树龄	样木编号	树叶纹理所需材料：阔叶树叶针叶树针长度（厘米）	树叶纹理所需材料：阔叶树叶针叶树针宽度（厘米）	整株树参数：胸径（厘米）	整株树参数：树高（米）	整株树参数：冠幅（米）	整株树参数：枝下高（米）	一轮枝：枝条直径（厘米）	一轮枝：枝条角度（度）	一轮枝：枝间距（厘米）	一轮枝：枝条角度上扬比例（%）
6	岳桦	大龄	76	1	5.1	3.7	32.9	17	8.2	4.1	4.8	9	25	10
				2	5.4	3.8	27.1	18.2	3.5	5.6	3.6	28	26	15
				3	5.6	4	40.9	14.8	11.9	5.1	13.5	40	47	50
				4	5	3.6	22.4	12.8	8.8	1.6	3.1	65	30	90
7	钻天柳（红毛柳）	幼龄	10	1	8.5	1	3.3	4	1.75	2	0.5	30	40	99
				2	8.5	1	2.5	2	0.45	1.5	0.5	30	40	99
				3	8.5	1	2.3	2	0.35	1	0.5	30	40	99
		中龄	25	1	8.5	1	16.7	16	4.5	13	6	50	40	99
				2	8.5	1	15.6	15	5	12	8	50	80	99
				3	8.5	1	17.5	16	2.5	8	6	50	150	99
		大龄	55	1	8.5	1	61.5	16	9	5	20	30	50	99
				2	8.5	1	55.6	17	8	11	14	25	50	99
				3	8.5	1	56.1	17	6	7	12	30	50	99
8	榛子	幼龄	2	1	4.2	3.8	0.8	0.8	0.6	0.4	0.4	40	10	80
				2	4.5	3.9	1.1	1.2	0.9	0.6	0.5	50	15	70
				3	6	4.7	1.1	1.1	0.7	0.5	0.4	40	15	80
		中龄	5	1	7.3	6.2	1.5	1.3	0.9	1.0	0.6	45	20	80
				2	8.7	6.3	1.6	1.5	1.1	1.2	0.6	35	15	90
				3	8.9	6.1	1.8	1.3	1.0	1.0	0.8	50	20	80
		大龄	8	1	11.8	8.9	2.4	1.5	1.2	1.2	1.2	35	30	70
				2	12.4	10.1	2.8	1.8	1.6	1.3	1.1	40	20	80
				3	11.8	9.2	2.6	1.9	1.5	1.3	1.3	45	30	70

3.4.3 灌木树种

表3-5 灌木树种三维结构参数采集数据

序号	树种名称	高度	样木编号	树叶纹理所需材料		整株树参数				生长状态
				阔叶树叶针叶树针长度（厘米）	阔叶树叶针叶树针宽度（厘米）	胸径（厘米）	树高（米）	冠幅（米）	枝下高（米）	（丛生、簇生或单株）
1	丛桦	低	1	3.4	2.6	—	0.9	—	—	丛生
			2	4.0	1.9	2.4	1.5	0.8	0.5	丛生
		中	1	3.4	2.3	—	0.13	—	—	丛生
			2	4.7	2.4	3.5	2.5	1.4	1.4	丛生
		高	1	3.8	2.6	—	0.24	—	—	丛生
			2	4.9	2.4	3.7	2.7	1.5	1.6	丛生
2	绣线菊	低	1	1.7	1.1	—	25	—	—	
		中	1	2.1	1.5	—	64	—	—	
		高	1	2.6	2.1	—	110	—	—	
3	刺玫	低	1	1.1	0.7	—	22	—	—	
		中	1	2.4	1.2	0.5	87	—	—	
		高	1	3.1	1.5	0.9	143	—	—	
4	偃松	低	1	1	—	—	32	—	—	
		中	1	3.2	—	1.5	184	—	—	
		高	1	5.3	—	5.1	430	—	—	
5	胡枝子	低	1	2.6	1.3	0.3	0.6	0.4	0.4	单株
		中	1	3.5	2.1	0.4	0.8	0.4	0.6	单株
		高	1	3.9	2.7	0.6	0.9	0.5	0.7	单株
6	杜鹃	低	1	4.3	1.1	—	110	—	—	
		中	1	4.6	1.1	—	140	—	—	
		高	1	4.8	1.3	—	250	—	—	
7	珍珠梅	低	1	1.6	0.8	—	34	—	—	
		中	1	3.1	1	—	77	—	—	
		高	1	5.1	1.9	—	163	—	—	

（续表）

序号	树种名称	高度	样木编号	树叶纹理所需材料		整株树参数				生长状态（丛生、簇生或单株）
				阔叶树叶针叶树针长度（厘米）	阔叶树叶针叶树针宽度（厘米）	胸径（厘米）	树高（米）	冠幅（米）	枝下高（米）	
8	红瑞木	从低到高有代表性各选一株树	1	8.2	4.9	0.7	1.3	0.7	0.8	丛生
			2	8.4	5.2	1.3	1.6	1.2	1.0	丛生
			3	7.5	3.1	0.4	0.9	0.3	0.4	丛生
9	五味子（藤本）	从低到高有代表性各选一株树	1	8	4	0.3	1.5	1	0.3	簇生
			2	12	5.5	0.4	3.5	2	1.5	簇生
			3	10	4.5	0.5	6	2	1.3	簇生
10	忍冬	从低到高有代表性各选一株树	1	8	4	—	1.5	2	0.3	簇生
			2	8	4	—	2.5	2	0.4	簇生
			3	9	3.5	—	1.10	1	0.3	簇生
11	刺五加	低	1	15.1	8.3	1.3（根径）	0.82	0.66	0.33	
			2	11.8	5.9	0.7（根径）	0.62	0.51	0.23	
			3	7.7	4.2	0.5（根径）	0.48	0.37	0.23	
		中	1	10.7	6.4	1.8（根径）	1.73	1.04	0.41	
			2	13.3	8.1	2.6（根径）	1.64	0.66	0.64	
			3	8.3	4.6	1.6（根径）	1.43	0.58	0.61	
		高	1	14	6.5	2.0（根径）	1.91	0.84	0.8	
			2	11.2	5.8	2.4（根径）	2.13	1.39	0.54	
			3	16.3	6.8	2.1（根径）	2.73	0.75	1.12	
			4	12.3	6.9	2.5（根径）	2.22	1.38	1.15	
12	笃斯越橘（蓝莓）	大龄	1	2.2	1.5	2.0（根径）	0.32	0.15	0.10	丛生

3.5 主要树种三维建模照片采集成果

3.5.1 乔木树种

冷杉（臭松）

幼龄—整株树

幼龄—树叶

• 中龄—整株树

·中龄—树皮

·中龄—树叶

·大龄—整株树

•大龄—树皮

•大龄—树叶

云杉

· 幼龄 — 整株树

·幼龄—树枝局部

·幼龄—树叶

·中龄—整株树

·中龄—树枝局部

·中龄—树枝局部

·中龄—树叶

·中龄—树皮

·大龄—整株树

·大龄—树叶

落叶松

• 幼龄—整株树

·幼龄—树枝局部

·幼龄—树叶

·中龄——整株树

·中龄—树皮

·中龄—树叶

·大龄—整株树

·大龄—树皮

·大龄—树叶

红松

· 大龄—整株树

· 大龄—树枝局部

·大龄—树皮

·大龄—树叶

樟子松

·中龄—整株树

·中龄—树枝局部

·中龄—树皮

·中龄—树叶

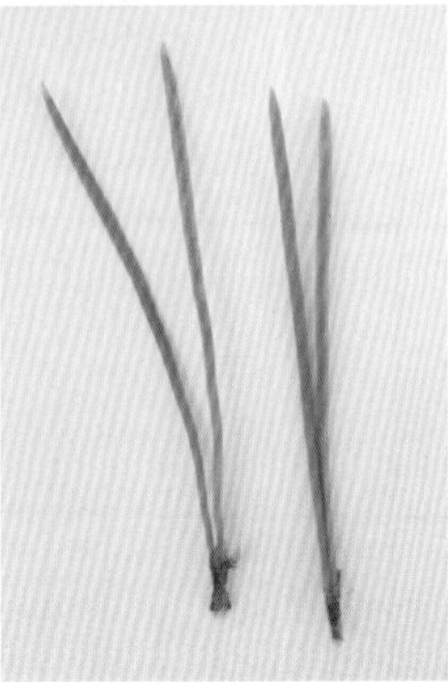

·大龄—整株树

· 大龄——树枝局部

·大龄—树皮

·大龄—树叶

长白松

·幼龄—整株树

·幼龄—树枝局部

·幼龄—树皮

·幼龄—树皮

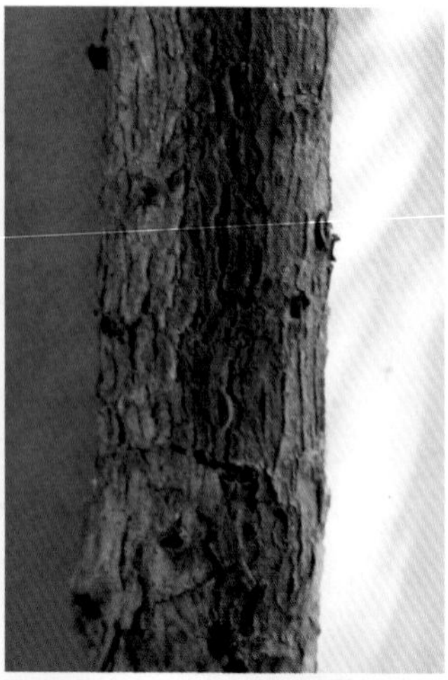

·幼龄—树叶

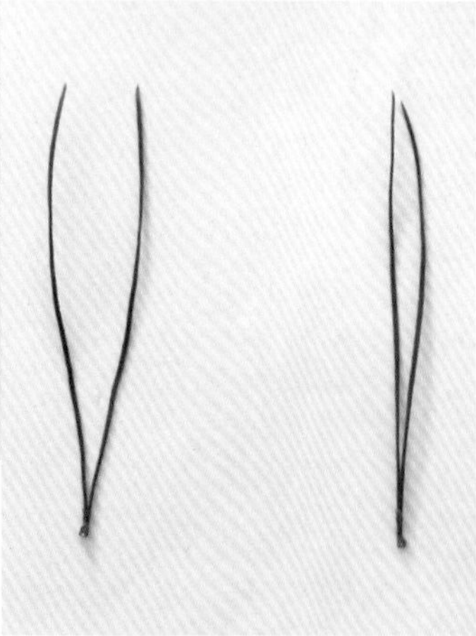

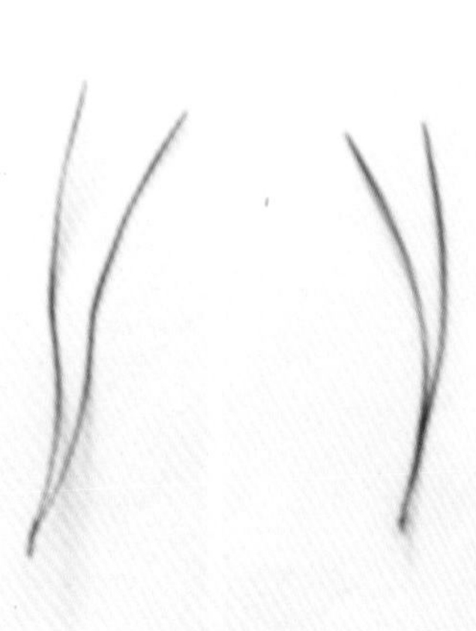

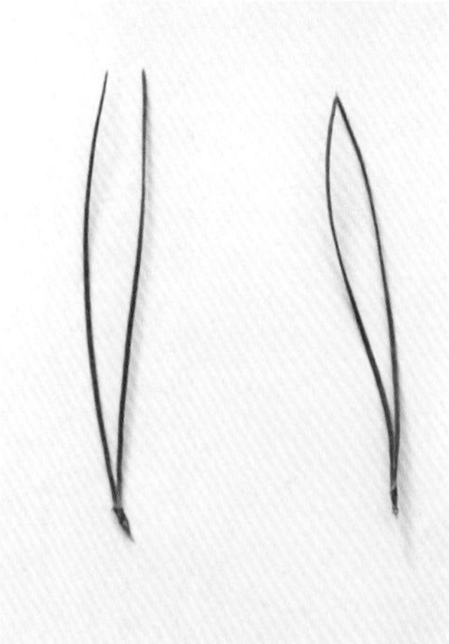

·中龄—整株树

• 中龄 — 树枝局部

·中龄—树皮

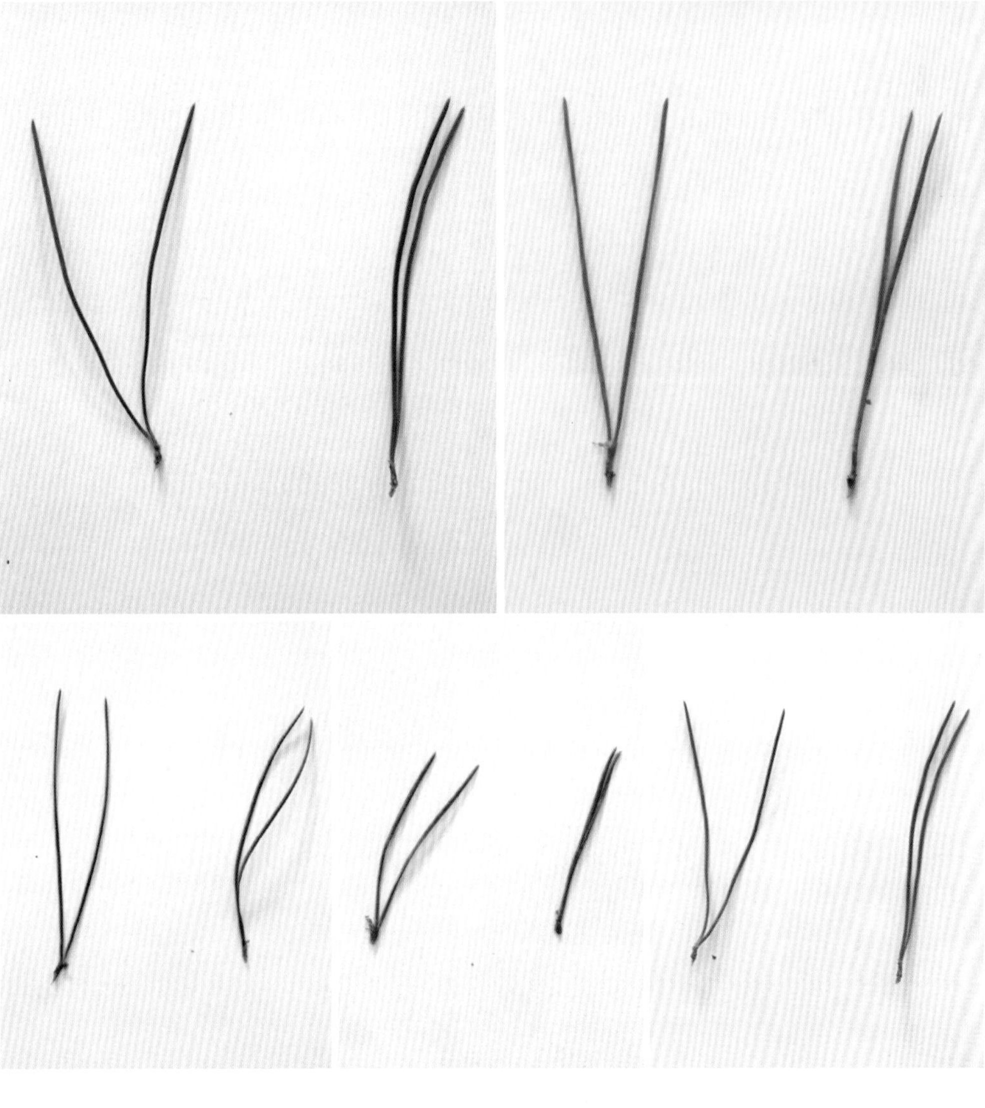

·中龄—树叶

·大龄—整株树

·大龄—树枝局部

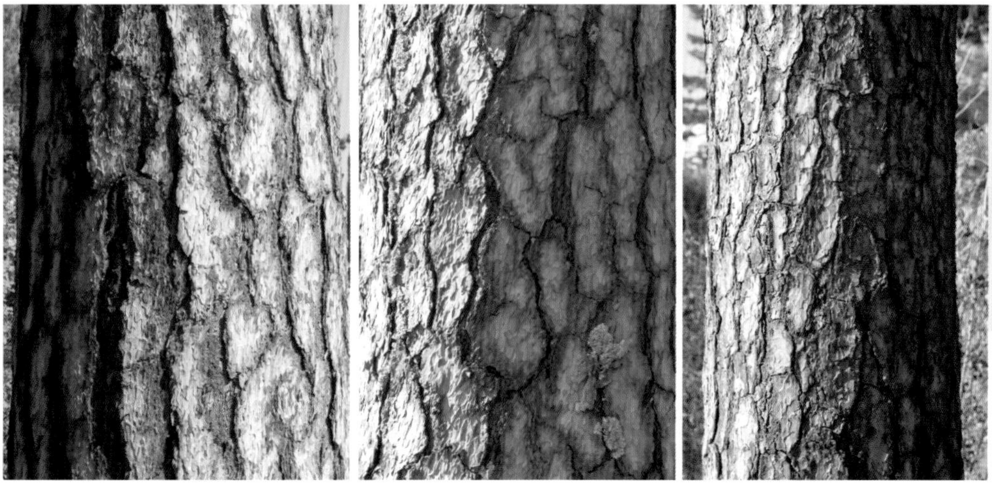

·大龄—树皮

·大龄—树皮

·大龄—树叶

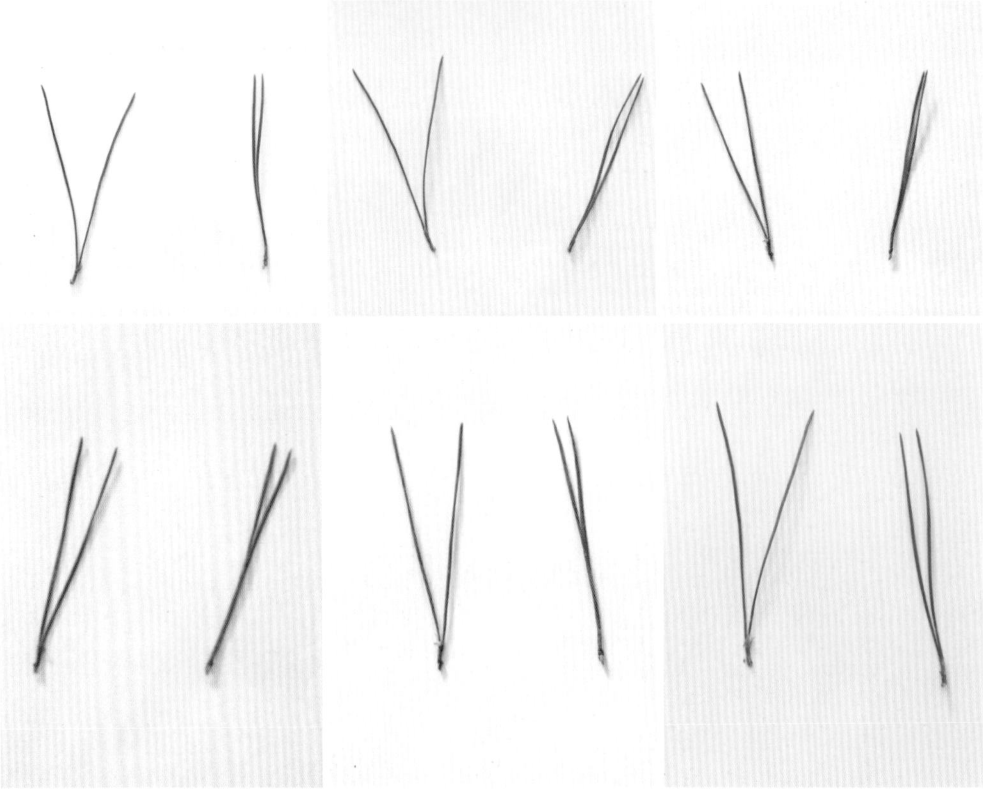

蒙古栎（柞树）

·幼龄——整株树

·幼龄—树枝局部

·幼龄—树皮

• 幼龄—树叶

·中龄——整株树

·中龄—树枝局部

·中龄—树皮

·中龄—树叶

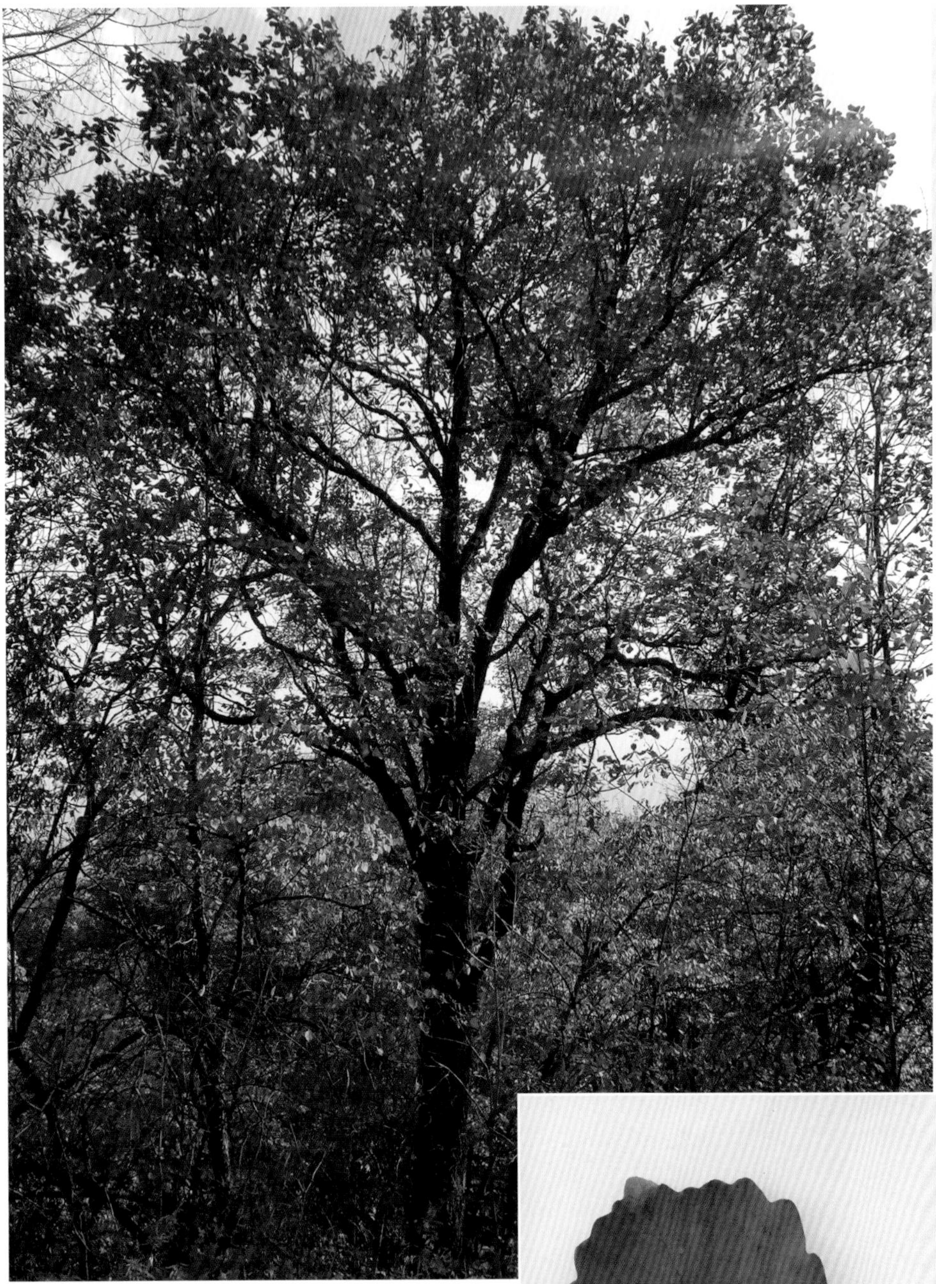

·大龄—整株树

·大龄—树叶

·大龄—树枝局部

·大龄—树皮

白桦

·幼龄—整株树

·幼龄—树枝局部

·幼龄—树皮

·幼龄—树叶

·中龄—整株树

·中龄——树枝局部

·中龄—树皮

·中龄—树叶

· 大龄—整株树

·大龄—树枝局部

·大龄—树皮

·大龄—树叶

黑桦

·幼龄——整株树

·幼龄—树枝局部

•幼龄—树皮

·幼龄—树叶

·中龄—整株树

·中龄—树枝局部

·中龄—树皮

·中龄—树叶

·大龄—树枝局部

· 大龄—树皮

· 大龄—树叶

水曲柳

·幼龄—整株树

·幼龄—树枝局部

·幼龄—树叶

·幼龄—树皮

·中龄—整株树

·中龄—树枝局部

中龄—树皮

中龄—树叶

·大龄—整株树

·大龄—树皮

·大龄—树叶

胡桃楸

· 幼龄—整株树

· 幼龄—树枝局部

· 幼龄—树叶

·中龄—整株树

·中龄—树枝局部

·中龄—树皮

·中龄—树叶

·大龄—树枝局部

·大龄—树皮

·大龄—树叶

黄波罗

·幼龄—树枝局部

·幼龄—树皮

·幼龄—树叶

·中龄——整株树

·中龄—树皮

·中龄—树叶

榆树

·幼龄—整株树

·幼龄—树枝局部

·幼龄—树皮

·幼龄—树叶

·中龄—整株树

·中龄—树枝局部

·中龄—树皮

·中龄—树叶

·大龄—整株树

·大龄—树枝局部

·大龄—树皮

·大龄—树叶

紫椴

• 幼龄—整株树

• 幼龄—树枝局部

• 幼龄—树皮

• 幼龄—树叶

柳树

·幼龄—整株树

·幼龄—树枝局部

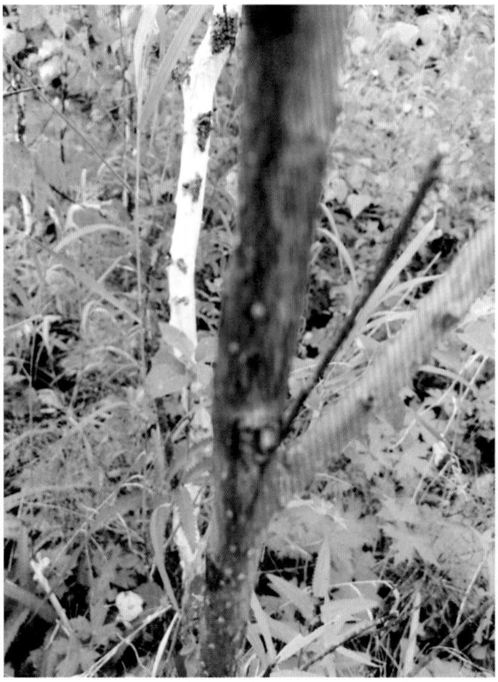
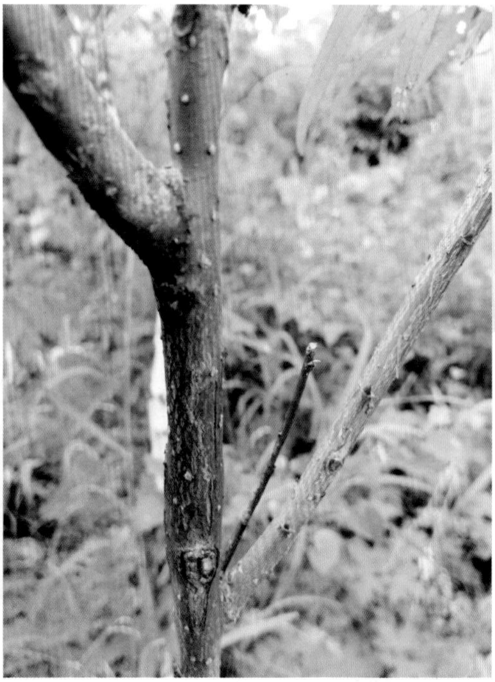

·幼龄—树皮

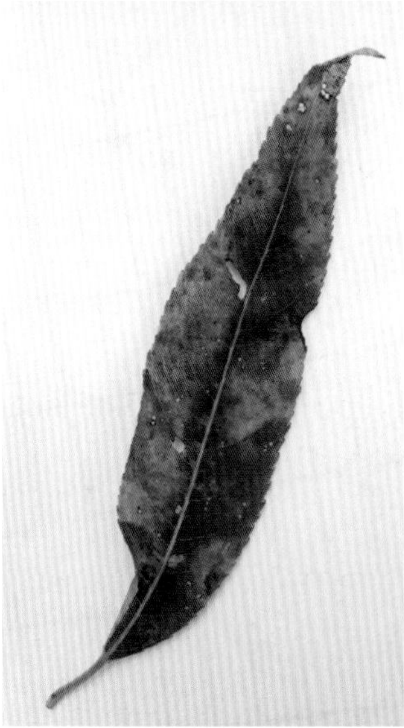
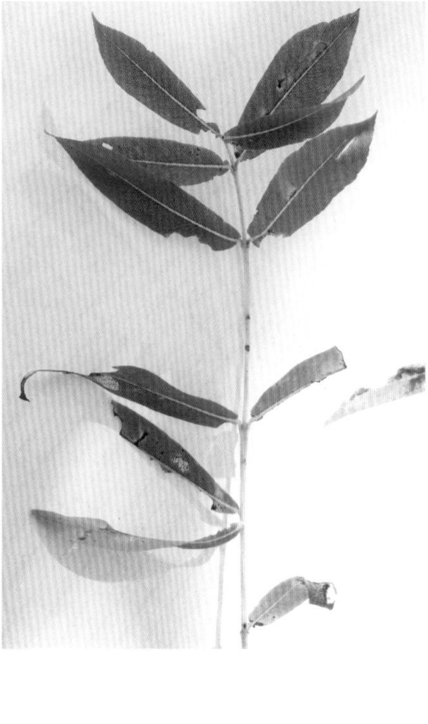
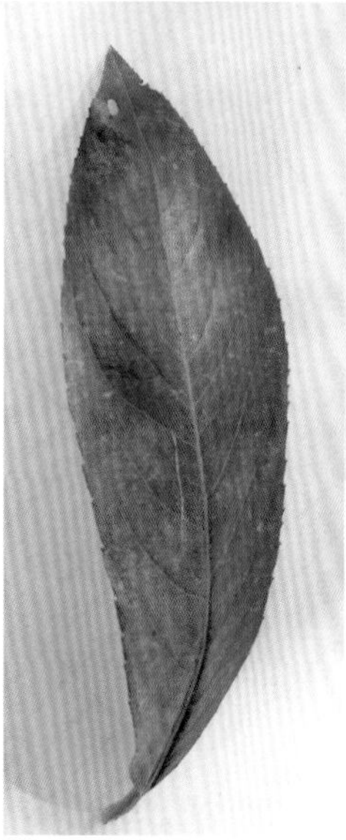

·幼龄—树叶

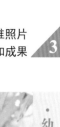

·中龄—整株树

·中龄—整株树

·中龄—树枝局部

· 中龄—树皮

· 中龄—树叶

·大龄—整株树

·大龄—树枝局部

·大龄—树皮

·大龄—树叶

山杨

·幼龄—树枝局部

·幼龄—树叶

·中龄—整株树

·中龄—树枝局部

·中龄—树皮

·中龄—树叶

·大龄—整株树

·大龄—树枝局部

·大龄—树皮

·大龄—树叶

甜杨

·幼龄—整株树

幼龄—树枝局部

幼龄—树皮

幼龄—树叶

·中龄—树枝局部

·中龄—树皮

·中龄—树叶

• 大龄——整株树

·大龄—树枝局部

·大龄—树皮

·大龄—树叶

槭树（白牛槭、色木槭、拧筋槭）

·幼龄——整株树

·幼龄——树种局部

•幼龄—树皮

•幼龄—树皮

•中龄—整株树

•中龄—树种局部

•中龄—树皮

•中龄—树叶

·大龄—树枝局部

·大龄—树皮

·大龄—树叶

3.5.2 亚乔木树种

暴马丁香

· 幼龄—整株树

· 幼龄—树枝局部

· 幼龄—树皮

·幼龄—树皮

·幼龄—树叶

·中龄——整株树

·中龄—树枝局部

·中龄—树皮—

·中龄—树叶

·大龄——树枝局部

·大龄—树皮

·大龄—树叶

青楷槭

• 幼龄—整株树

·幼龄——树枝局部

幼龄—树皮

幼龄—树叶

·中龄——整株树

·中龄—树枝局部

·中龄—树皮

·中龄—树叶

·大龄——整株树

·大龄—树枝局部

· 大龄 — 树皮

· 大龄 — 树叶

花楷槭

· 幼龄 — 整株树

·幼龄——树枝局部

·幼龄—树皮

·幼龄—树叶

·中龄—整株树

·中龄—树枝局部

·中龄—树皮

·中龄—树叶

稠李

·幼龄——整株树

·幼龄—树枝局部

·幼龄—树皮

·幼龄—树叶

·中龄——整株树

•中龄—树皮

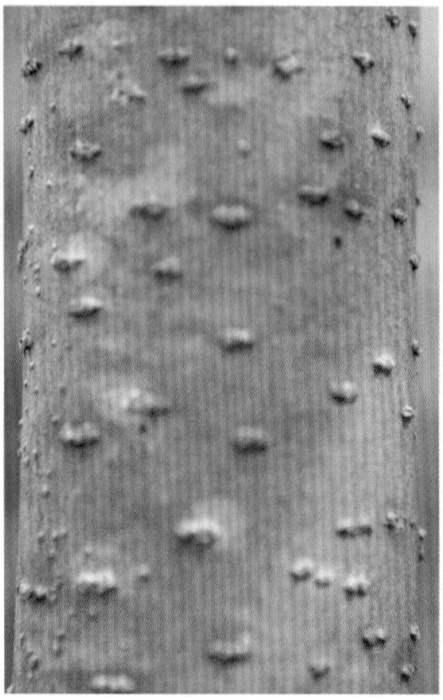

•中龄—树叶

·大龄——树枝局部

·大龄—树皮

·大龄—树叶

山丁子

·幼龄—整株树

·幼龄—树枝局部

· 中龄——整株树

·中龄—树枝局部

·中龄—树叶

·中龄—树皮

·大龄—树干

•大龄—树枝局部

•大龄—树叶（花）

岳桦

· 幼龄—整株树

·幼龄—树枝局部

·幼龄—树皮

·幼龄—树叶

·中龄—整株树

·中龄——树枝局部

·中龄—树皮

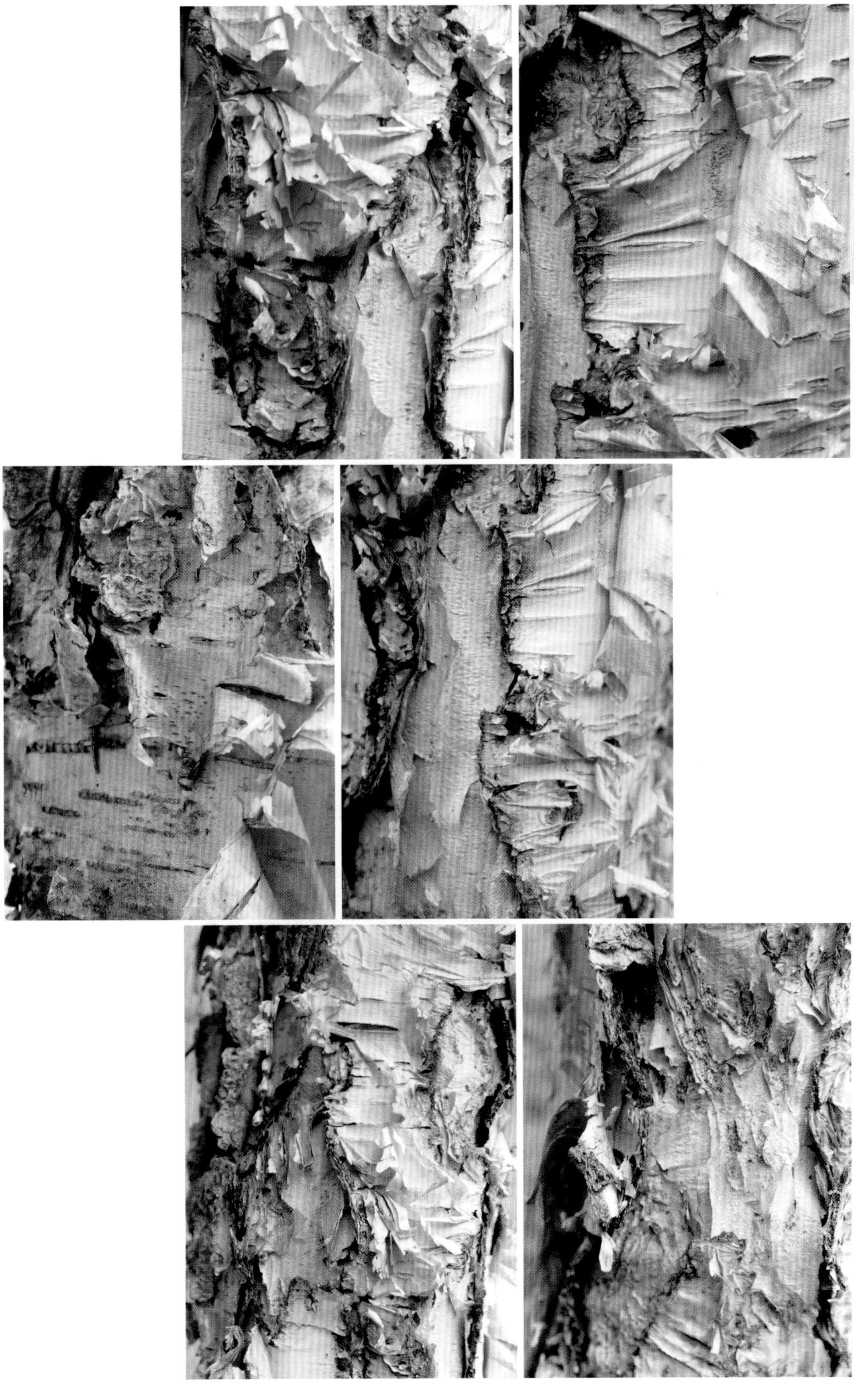

·中龄—树叶

·大龄——树枝局部

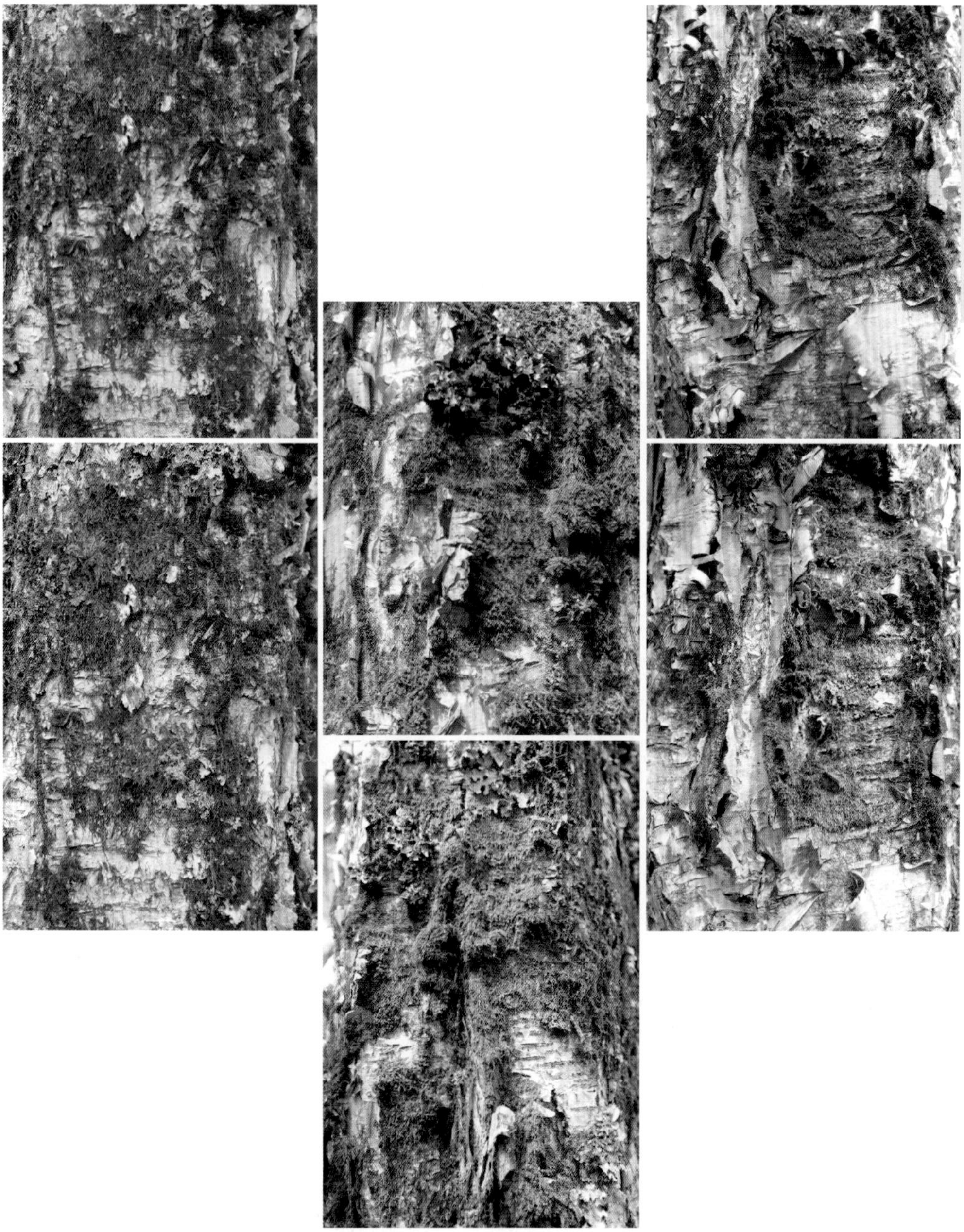

·大龄—树皮

·大龄—树叶

钻天柳（红毛柳）

· 幼龄——整株树

· 大龄——树枝局部

•中龄—整株树

·中龄—树枝局部

·中龄—树皮

• 大龄—整株树

·大龄——树枝局部

·大龄—树皮

·大龄—树叶

榛子

·幼龄——整株树

·幼龄——树叶

·中龄——树枝局部

·中龄—树皮

·中龄—树叶

·大龄—树枝局部

·中龄—树枝局部

·大龄—树叶

3.5.3 灌木树种

丛桦

·幼龄—整株树

·幼龄—树皮

·幼龄—树叶

·中龄—整株树

·中龄—树皮

·中龄—树叶

· 大龄——整株树

·大龄—树皮

·大龄—树叶

绣线菊

• 幼龄—整株树

• 幼龄—树枝局部

·中龄—整株树

·中龄—树枝局部

· 大龄 — 整株树

· 大龄 — 树枝局部

刺玫

·幼龄—整株树

·幼龄—树枝局部

·中龄—树枝局部

·大龄—整株树

·大龄—树枝局部

·大龄—树皮

偃松

幼龄—整株树

幼龄—树枝局部

·中龄—整株树

·中龄—树枝局部

·中龄—树皮

·大龄—树枝局部

胡枝子

·幼龄—整株树

·幼龄—树叶

·中龄—整株树

·中龄—树皮

·中龄—树叶

·大龄—整株树

·大龄—树叶

·大龄—树皮

杜鹃

·幼龄—整株树

·幼龄—树枝局部

·幼龄—树皮

·幼龄—树叶

·中龄—整株树

·中龄—树皮

·中龄—树叶

·大龄—整株树

·大龄——树枝局部

·大龄—树皮

·大龄—树叶

珍珠梅

·幼龄—整株树

·幼龄—树枝局部

·幼龄—树叶

·中龄—整株树

·中龄—树枝局部

·大龄—树枝局部

红端木

·幼龄—整株树

·幼龄—树皮

·幼龄—树叶

·中龄—整株树

·中龄—树皮

·中龄—树叶

• 大龄——整株树

• 大龄——树皮

·大龄—树叶

五味子（藤本）

• 幼龄—整株树

·幼龄—树枝局部

·幼龄—树皮

·幼龄—树叶

·中龄—整株树

·中龄—树枝局部

·中龄—树皮

·中龄—树叶

·大龄—整株树

·大龄—树枝局部

·大龄—树叶

·大龄—树皮

忍冬

·幼龄—整株树

·幼龄——树枝局部

·幼龄—树皮

·幼龄—树叶

·中龄—整株树

·中龄—数枝局部

·中龄—树皮

·中龄—树叶

• 大龄—整株树

• 大龄—树枝局部

·大龄—树皮

·大龄—树叶

刺五加

• 幼龄——整株树

• 幼龄—树枝局部

• 幼龄—树皮

• 幼龄—树叶

·中龄—整株树

·中龄—树枝局部

·中龄—树皮

·中龄—树叶

·大龄—整株树

·大龄—树枝局部

·大龄—树皮

·大龄—树叶

笃斯越橘（蓝莓）

·幼龄—整株树

·幼龄—树叶

·中龄—整株树

·中龄—树枝局部

·中龄—树皮

·中龄—树叶

·大龄—整株树

• 大龄—树枝局部

主要树种单木模型库的建立

4

4.1　主要建模方法

根据场景模拟需要，树木建模同时采用片状树建模和精细树建模两种方式。

片状树建模以3DS模型为基础，将3DS模型转化为片状树并保存为图像格式（如png等），然后对图像进行调整，使其刚好包围整株树。片状树模型制作较为简单，大大减少了数据存储空间，但是仅适用于远距离显示，当近距离观察时显示效果非常不真实。

精细树建立采用3ds Max平台构建各树木模型，首先对外业采集的树种照片进行处理，然后对树干、树枝及树叶进行贴图，按此方法依次建立东北国有林区各主要树种的模型，该过程较为复杂，且数据存储量大，但是近距离显示效果真实感较强。

4.2　精细树建模主要技术流程

基于采集的树种样木高清照片及三维结构参数，利用Onyxtree、3ds Max、Photoshop、DEEP和易景树种库等制作工具分别开展树种粗模建设、模型赋材质（模型贴图制作、模型贴图）、建立精细树种库。主要技术流程如图4-1。

4.2.1　**树种粗模建设**

为满足业务生产、经营规划的需求，森林场景仿真往往需要同时展示数十公顷面积的树木分布情况，由于工作量巨大，我们购置了相对稳定成熟、效率较高的OnyxGARDEN建模工具来完成各树种建模工作，该软件将植物分为阔叶类、针叶类、棕榈类、竹类、草、花等多种类型，每种植被类型均有对应的建模模块。

4.2.1.1　匹配树种模型

首先将树种与OnyxGARDEN软件中树种模型进行匹配。确定待制作树种模型所属的科，在Onyxtree套件的树种库里匹配到合适的模型，重点关注树形、树叶的结构特征

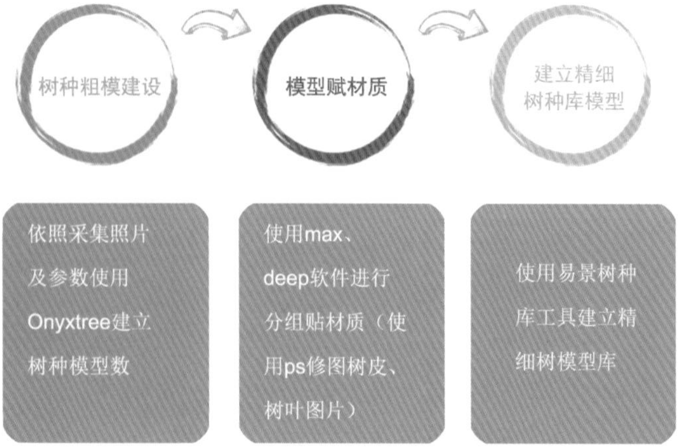

图4-1　单木建模流程示意图

是否符合待制作树种的特点，确定所选择树模型是否适用。根据采集的树种三维结构参数和照片精细调整树种模型中的胸径、树高、枝条间距、枝条角度、二轮及更精细的枝条量及树叶量等参数，同时做好模型数据量大小的平衡。如岳桦隶属桦木科，拉丁学名*Betulaermanii Cham*，找到的匹配树种如图4-2。

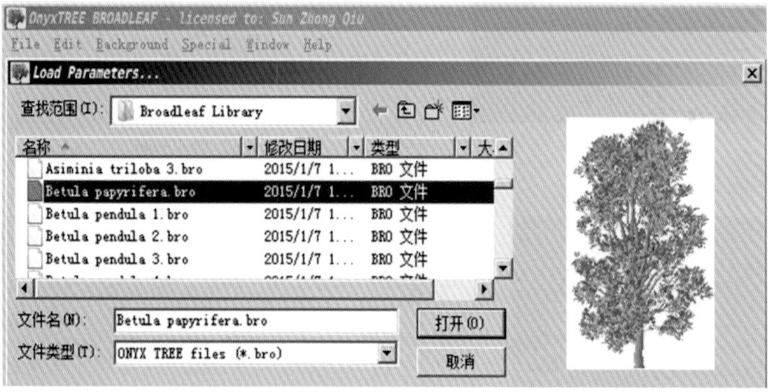

图4-2　匹配树种

4.2.1.2　树种三维结构参数录入

根据三维结构参数和照片，在软件中精细调整该树种的胸径、树高、冠幅、树枝的枝条量、枝间距、角度（包括一轮枝、二轮枝及更精细的枝条等），树叶类型、大小、叶间距、叶柄长度、叶柄角度及树叶量等。如果数据精细度足够，可以填写各类枝条的扭曲度、末枝长度、角度、弯曲、间隔等更为精细的参数数据。

4.2.1.3　树种粗模造型和参数清单

据2017—2018年树种采集及2019年补充采集结果，建成38种东北林区主要乔、灌木单木模型，其中包括26种乔木（亚乔木）和12种灌木树种。

（1）乔木树种

冷杉（臭松）

幼龄

粗模造型

一轮枝

树干高度	1.0m
枝下高占比	22%
树冠中心	0%
树枝长度	0.2m
树枝角度	70°
角度变化	34%
树枝弯曲	17%
树枝密度	6cm
树枝扭曲	0°

其他枝条

分枝长度	100%
长度变化	100%
分枝角度	100%
角度变化	100%
细枝长度	3cm
细枝角度	45°
细枝弯曲	−220%
细枝密度	40cm

树干

树干宽度	6%
树枝宽度	21mm

树叶

松针长度	36mm
松针角度	68°
松针弯曲	0%
松针密度	2mm

中龄

粗模造型

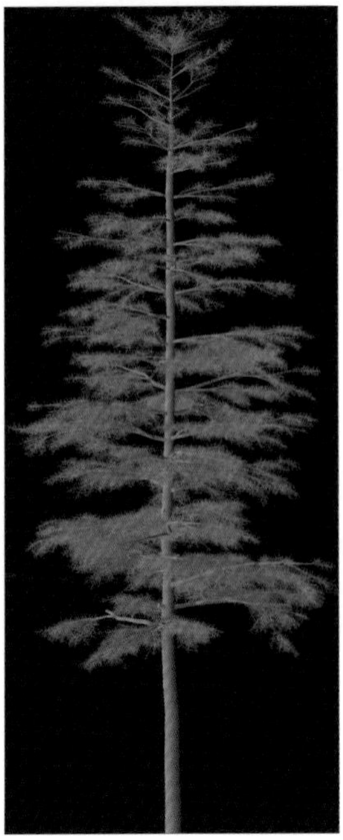

一轮枝

树干高度	7.5m
枝下高占比	26%
树冠中心	0%
树枝长度	2.1m
树枝角度	80°
角度变化	34%
树枝弯曲	−20%
树枝密度	19cm
树枝扭曲	0°

其他枝条

分枝长度	100%
长度变化	100%
分枝角度	100%
角度变化	100%
细枝长度	3cm
细枝角度	45°
细枝弯曲	−220%
细枝密度	40cm

树干

树干宽度	58%
树枝宽度	21mm

树叶

松针长度	52mm
松针角度	80°
松针弯曲	0%
松针密度	7mm

·大龄

粗模造型

一轮枝

树干高度	17.2m
枝下高占比	16%
树冠中心	0%
树枝长度	4.1m
树枝角度	80°
角度变化	34%
树枝弯曲	−20%
树枝密度	30cm
树枝扭曲	0°

其他枝条

分枝长度	100%
长度变化	100%
分枝角度	100%
角度变化	100%
细枝长度	3cm
细枝角度	45°
细枝弯曲	−220%
细枝密度	40cm

树干

树干宽度	85%
树枝宽度	21mm

树叶

松针长度	52mm
松针角度	80°
松针弯曲	0%
松针密度	7mm

云杉

·幼龄

粗模造型

一轮枝

树干高度	0.4m
枝下高占比	30%
树冠中心	0%
树枝长度	0.4m
树枝角度	86°
角度变化	26%
树枝弯曲	46%
树枝密度	10cm
树枝扭曲	0°

其他枝条

分枝长度	100%
长度变化	100%
分枝角度	100%
角度变化	100%
细枝长度	10cm
细枝角度	45°
细枝弯曲	1%
细枝密度	4cm

树干

树干宽度	8%
树枝宽度	11mm

树叶

松针长度	50mm
松针角度	47°
松针弯曲	0%
松针密度	3mm

·中龄

粗模造型

一轮枝

树干高度	9.6m
枝下高占比	30%
树冠中心	0%
树枝长度	1.7m
树枝角度	105°
角度变化	38%
树枝弯曲	−20%
树枝密度	50cm
树枝扭曲	0°

其他枝条

分枝长度	100%
长度变化	100%
分枝角度	100%
角度变化	100%
细枝长度	10cm
细枝角度	45°
细枝弯曲	−65%
细枝密度	4cm

树干

树干宽度	39%
树枝宽度	40mm

树叶

松针长度	298mm
松针角度	47°
松针弯曲	0%
松针密度	12mm

·大龄

粗模造型

一轮枝

树干高度	11.5m
枝下高占比	20%
树冠中心	0%
树枝长度	3.3m
树枝角度	105°
角度变化	38%
树枝弯曲	−20%
树枝密度	65cm
树枝扭曲	0°

其他枝条

分枝长度	100%
长度变化	100%
分枝角度	100%
角度变化	100%
细枝长度	10cm
细枝角度	45°
细枝弯曲	−65%
细枝密度	4cm

树干

树干宽度	82%
树枝宽度	40mm

树叶

松针长度	298mm
松针角度	47°
松针弯曲	0%
松针密度	12mm

落叶松

幼龄

粗模造型

一轮枝

树干高度	1.0m
枝下高占比	25%
树冠中心	40%
树枝长度	0.4m
树枝角度	90°
角度变化	40%
树枝弯曲	20%
树枝密度	12cm
树枝扭曲	0°

其他枝条

分枝长度	100%
长度变化	100%
分枝角度	100%
角度变化	100%
细枝长度	23cm
细枝角度	57°
细枝弯曲	17%
细枝密度	1cm

树干

树干宽度	7%
树枝宽度	62mm

树叶

松针长度	360mm
松针角度	75°
松针弯曲	19%
松针密度	2mm

中龄

粗模造型

一轮枝

树干高度	10.6m
枝下高占比	33%
树冠中心	40%
树枝长度	1.6m
树枝角度	123°
角度变化	40%
树枝弯曲	−4%
树枝密度	91cm
树枝扭曲	0°

其他枝条

分枝长度	100%
长度变化	100%
分枝角度	100%
角度变化	100%
细枝长度	1cm
细枝角度	90°
细枝弯曲	22%
细枝密度	1cm

树干

树干宽度	40%
树枝宽度	62mm

树叶

松针长度	300mm
松针角度	75°
松针弯曲	0%
松针密度	50mm

大龄

粗模造型

一轮枝

树干高度	19.7m
枝下高占比	33%
树冠中心	40%
树枝长度	2.3m
树枝角度	123°
角度变化	40%
树枝弯曲	−4%
树枝密度	91cm
树枝扭曲	0°

其他枝条

分枝长度	100%
长度变化	100%
分枝角度	100%
角度变化	100%
细枝长度	1cm
细枝角度	90°
细枝弯曲	22%
细枝密度	1cm

树干

树干宽度	96%
树枝宽度	62mm

树叶

松针长度	300mm
松针角度	75°
松针弯曲	0%
松针密度	50mm

红松

幼龄

粗模造型

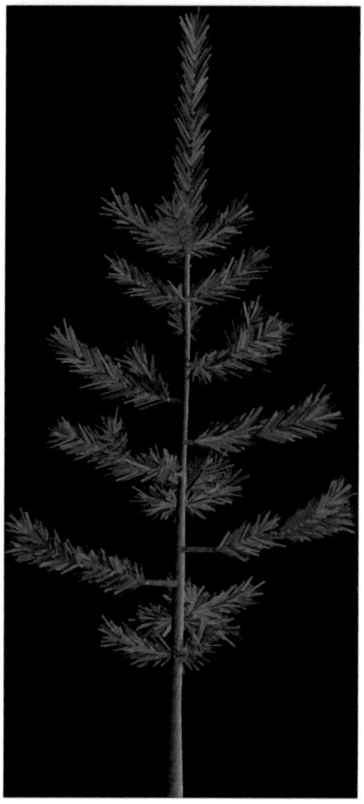

一轮枝

树干高度	2.4m
枝下高占比	26%
树冠中心	10%
树枝长度	0.5m
树枝角度	89°
角度变化	19%
树枝弯曲	36%
树枝密度	16cm
树枝扭曲	0°

其他枝条

分枝长度	100%
长度变化	100%
分枝角度	100%
角度变化	100%
细枝长度	0cm
细枝角度	45°
细枝弯曲	−400%
细枝密度	1cm

树干

树干宽度	79%
树枝宽度	37mm

树叶

松针长度	107mm
松针角度	34°
松针弯曲	3%
松针密度	4mm

中龄

粗模造型

一轮枝

树干高度	14.0m
枝下高占比	35%
树冠中心	10%
树枝长度	2.9m
树枝角度	89°
角度变化	19%
树枝弯曲	36%
树枝密度	32cm
树枝扭曲	0°

其他枝条

分枝长度	100%
长度变化	100%
分枝角度	100%
角度变化	100%
细枝长度	0cm
细枝角度	45°
细枝弯曲	−400%
细枝密度	1cm

树干

树干宽度	99%
树枝宽度	37mm

树叶

松针长度	107mm
松针角度	34°
松针弯曲	0%
松针密度	8mm

大龄

粗模造型

一轮枝

树干高度	18.7m
枝下高占比	35%
树冠中心	10%
树枝长度	3.1m
树枝角度	90°
角度变化	19%
树枝弯曲	36%
树枝密度	32cm
树枝扭曲	0°

其他枝条

分枝长度	100%
长度变化	100%
分枝角度	100%
角度变化	100%
细枝长度	0cm
细枝角度	45°
细枝弯曲	−400%
细枝密度	1cm

树干

树干宽度	100%
树枝宽度	37mm

树叶

松针长度	107mm
松针角度	34°
松针弯曲	0%
松针密度	8mm

樟子松

幼龄

粗模造型

一轮枝

树干高度	2.8m
枝下高占比	43%
树冠中心	40%
树枝长度	0.5m
树枝角度	54°
角度变化	75%
树枝弯曲	−17%
树枝密度	27cm
树枝扭曲	0°

其他枝条

分枝长度	100%
长度变化	100%
分枝角度	100%
角度变化	100%
细枝长度	1cm
细枝角度	45°
细枝弯曲	22%
细枝密度	4cm

树干

树干宽度	11%
树枝宽度	30mm

树叶

松针长度	85mm
松针角度	40°
松针弯曲	0%
松针密度	5mm

中龄

粗模造型

一轮枝

树干高度	10.0m
枝下高占比	43%
树冠中心	40%
树枝长度	1.0m
树枝角度	73°
角度变化	75%
树枝弯曲	−36%
树枝密度	55cm
树枝扭曲	0°

其他枝条

分枝长度	100%
长度变化	100%
分枝角度	100%
角度变化	100%
细枝长度	1cm
细枝角度	45°
细枝弯曲	22%
细枝密度	15cm

树干

树干宽度	44%
树枝宽度	30mm

树叶

松针长度	151mm
松针角度	40°
松针弯曲	0%
松针密度	16mm

· 大龄

粗模造型

一轮枝

树干高度	18.8m
枝下高占比	33%
树冠中心	10%
树枝长度	2.8m
树枝角度	70°
角度变化	19%
树枝弯曲	−52%
树枝密度	67cm
树枝扭曲	0°

其他枝条

分枝长度	100%
长度变化	100%
分枝角度	100%
角度变化	100%
细枝长度	20cm
细枝角度	45°
细枝弯曲	38%
细枝密度	10cm

树干

树干宽度	100%
树枝宽度	37mm

树叶

松针长度	113mm
松针角度	32°
松针弯曲	0%
松针密度	9mm

长白松

· 幼龄

粗模造型

一轮枝

树干高度	2.0m
枝下高占比	28%
树冠中心	10%
树枝长度	0.6m
树枝角度	78°
角度变化	40%
树枝弯曲	44%
树枝密度	11cm
树枝扭曲	0°

其他枝条

分枝长度	100%
长度变化	100%
分枝角度	100%
角度变化	100%
细枝长度	23cm
细枝角度	45°
细枝弯曲	40%
细枝密度	2cm

树干

树干宽度	10%
树枝宽度	30mm

树叶

松针长度	102mm
松针角度	63°
松针弯曲	28%
松针密度	8mm

中龄

粗模造型

一轮枝

树干高度	6.6m
枝下高占比	52%
树冠中心	10%
树枝长度	2.4m
树枝角度	76°
角度变化	40%
树枝弯曲	−60%
树枝密度	44cm
树枝扭曲	0°

其他枝条

分枝长度	100%
长度变化	100%
分枝角度	100%
角度变化	100%
细枝长度	20cm
细枝角度	45°
细枝弯曲	38%
细枝密度	2cm

树干

树干宽度	50%
树枝宽度	50mm

树叶

松针长度	202mm
松针角度	54°
松针弯曲	−11%
松针密度	8mm

大龄

粗模造型

一轮枝

树干高度	14.5m
枝下高占比	62%
树冠中心	10%
树枝长度	4.1m
树枝角度	76°
角度变化	40%
树枝弯曲	−60%
树枝密度	44cm
树枝扭曲	0°

其他枝条

分枝长度	100%
长度变化	100%
分枝角度	100%
角度变化	100%
细枝长度	20cm
细枝角度	45°
细枝弯曲	38%
细枝密度	10cm

树干

树干宽度	94%
树枝宽度	50mm

树叶

松针长度	202mm
松针角度	64°
松针弯曲	−11%
松针密度	8mm

蒙古栎（柞树）

·幼龄

粗模造型

一轮枝

树干高度	0.8m
枝下高占比	82%
树冠中心	100%
树枝长度	0.4m
树枝角度	63°
角度变化	23%
树枝弯曲	−9%
树枝密度	81cm
树枝扭曲	0°

其他枝条

分枝长度	100%
长度变化	100%
分枝角度	100%
角度变化	99%
细枝长度	4cm
细枝角度	45°
细枝弯曲	0%
细枝密度	28cm

树干

树干宽度	5%
树枝宽度	100mm

树叶

树叶密度	9cm
茎长度	0mm
茎角度	35°
茎弯曲	1%

·中龄

粗模造型

一轮枝

树干高度	8.4m
枝下高占比	45%
树冠中心	100%
树枝长度	2.0m
树枝角度	63°
角度变化	23%
树枝弯曲	28%
树枝密度	81cm
树枝扭曲	0°

其他枝条

分枝长度	100%
长度变化	100%
分枝角度	100%
角度变化	99%
细枝长度	6cm
细枝角度	45°
细枝弯曲	0%
细枝密度	28cm

树干

树干宽度	43%
树枝宽度	100mm

树叶

树叶密度	9cm
茎长度	0mm
茎角度	35°
茎弯曲	1%

·大龄

粗模造型

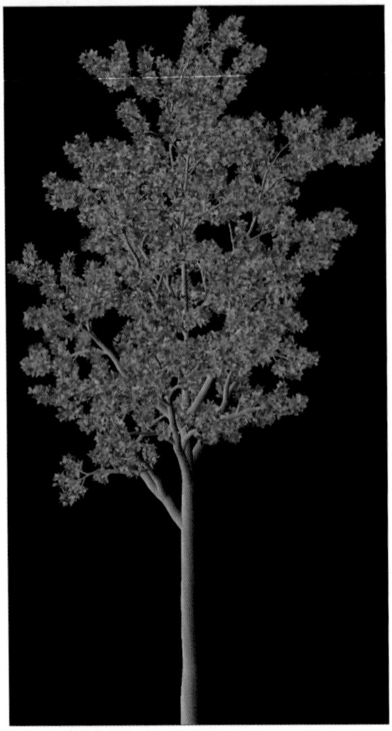

一轮枝

树干高度	11.0m
枝下高占比	44%
树冠中心	100%
树枝长度	4.0m
树枝角度	46°
角度变化	23%
树枝弯曲	28%
树枝密度	120cm
树枝扭曲	0°

其他枝条

分枝长度	100%
长度变化	100%
分枝角度	100%
角度变化	99%
细枝长度	6cm
细枝角度	45°
细枝弯曲	0%
细枝密度	28cm

树干

树干宽度	100%
树枝宽度	100mm

树叶

树叶密度	9cm
茎长度	0mm
茎角度	35°
茎弯曲	1%

白桦

·幼龄

粗模造型

一轮枝

树干高度	1.8m
枝下高占比	60%
树冠中心	100%
树枝长度	0.7m
树枝角度	61°
角度变化	70%
树枝弯曲	−15%
树枝密度	20cm
树枝扭曲	0°

其他枝条

分枝长度	100%
长度变化	100%
分枝角度	100%
角度变化	100%
细枝长度	8cm
细枝角度	43°
细枝弯曲	41%
细枝密度	3cm

树干

树干宽度	13%
树枝宽度	26mm

树叶

树叶密度	2cm
茎长度	0mm
茎角度	40°
茎弯曲	0%

·中龄

粗模造型

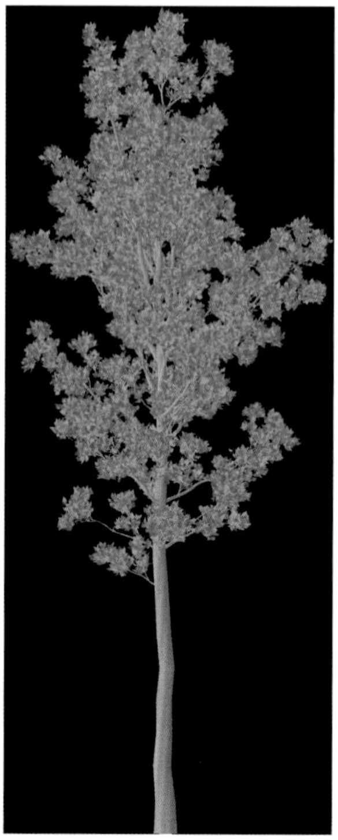

一轮枝

树干高度	8.6m
枝下高占比	48%
树冠中心	100%
树枝长度	3.9m
树枝角度	61°
角度变化	70%
树枝弯曲	0%
树枝密度	71cm
树枝扭曲	0°

其他枝条

分枝长度	100%
长度变化	100%
分枝角度	100%
角度变化	100%
细枝长度	12cm
细枝角度	43°
细枝弯曲	41%
细枝密度	3cm

树干

树干宽度	96%
树枝宽度	26mm

树叶

树叶密度	2cm
茎长度	0mm
茎角度	40°
茎弯曲	0%

·大龄

粗模造型

一轮枝

树干高度	14.4m
枝下高占比	48%
树冠中心	100%
树枝长度	4.4m
树枝角度	61°
角度变化	70%
树枝弯曲	0%
树枝密度	120cm
树枝扭曲	0°

其他枝条

分枝长度	100%
长度变化	100%
分枝角度	100%
角度变化	100%
细枝长度	12cm
细枝角度	43°
细枝弯曲	41%
细枝密度	3cm

树干

树干宽度	96%
树枝宽度	26mm

树叶

树叶密度	2cm
茎长度	0mm
茎角度	40°
茎弯曲	0%

黑桦

幼龄

粗模造型

一轮枝

树干高度	3.0m
枝下高占比	46%
树冠中心	100%
树枝长度	0.9m
树枝角度	56°
角度变化	50%
树枝弯曲	9%
树枝密度	44cm
树枝扭曲	0°

其他枝条

分枝长度	100%
长度变化	100%
分枝角度	100%
角度变化	100%
细枝长度	17cm
细枝角度	45°
细枝弯曲	38%
细枝密度	15cm

树干

树干宽度	13%
树枝宽度	56mm

树叶

树叶密度	2cm
茎长度	10mm
茎角度	78°
茎弯曲	0%

中龄

粗模造型

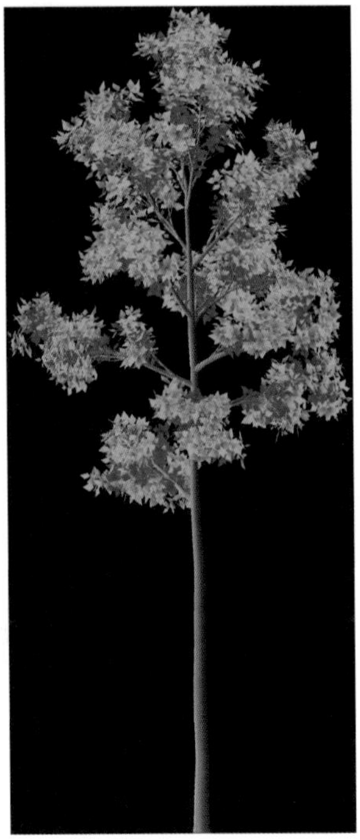

一轮枝

树干高度	5.9m
枝下高占比	53%
树冠中心	100%
树枝长度	1.1m
树枝角度	66°
角度变化	50%
树枝弯曲	−9%
树枝密度	60cm
树枝扭曲	0°

其他枝条

分枝长度	100%
长度变化	100%
分枝角度	100%
角度变化	100%
细枝长度	17cm
细枝角度	45°
细枝弯曲	38%
细枝密度	15cm

树干

树干宽度	32%
树枝宽度	56mm

树叶

树叶密度	2cm
茎长度	10mm
茎角度	78°
茎弯曲	0%

·大龄

粗模造型

一轮枝

树干高度	8.1m
枝下高占比	53%
树冠中心	100%
树枝长度	1.8m
树枝角度	69°
角度变化	50%
树枝弯曲	−9%
树枝密度	80cm
树枝扭曲	0°

其他枝条

分枝长度	100%
长度变化	100%
分枝角度	100%
角度变化	100%
细枝长度	17cm
细枝角度	45°
细枝弯曲	38%
细枝密度	15cm

树干

树干宽度	52%
树枝宽度	56mm

树叶

树叶密度	2cm
茎长度	10mm
茎角度	78°
茎弯曲	0%

水曲柳

·幼龄

粗模造型

一轮枝

树干高度	1.5m
枝下高占比	50%
树冠中心	30%
树枝长度	0.4m
树枝角度	63°
角度变化	77%
树枝弯曲	4%
树枝密度	29cm
树枝扭曲	0°

其他枝条

分枝长度	100%
长度变化	100%
分枝角度	100%
角度变化	100%
细枝长度	20cm
细枝角度	57°
细枝弯曲	−44%
细枝密度	20cm

树干

树干宽度	9%
树枝宽度	40mm

树叶

树叶密度	1cm
茎长度	2mm
茎角度	90°
茎弯曲	−90%

中龄

粗模造型

一轮枝

树干高度	10.2m
枝下高占比	47%
树冠中心	30%
树枝长度	1.3m
树枝角度	63°
角度变化	77%
树枝弯曲	4%
树枝密度	71cm
树枝扭曲	0°

其他枝条

分枝长度	100%
长度变化	100%
分枝角度	100%
角度变化	100%
细枝长度	43cm
细枝角度	57°
细枝弯曲	−44%
细枝密度	20cm

树干

树干宽度	69%
树枝宽度	40mm

树叶

树叶密度	1cm
茎长度	2mm
茎角度	90°
茎弯曲	−90%

大龄

粗模造型

一轮枝

树干高度	3.8m
枝下高占比	51%
树冠中心	30%
树枝长度	2.6m
树枝角度	63°
角度变化	77%
树枝弯曲	4%
树枝密度	71cm
树枝扭曲	0°

其他枝条

分枝长度	100%
长度变化	100%
分枝角度	100%
角度变化	100%
细枝长度	43cm
细枝角度	57°
细枝弯曲	−44%
细枝密度	20cm

树干

树干宽度	100%
树枝宽度	40mm

树叶

树叶密度	1cm
茎长度	2mm
茎角度	90°
茎弯曲	−90%

胡桃楸

幼龄

粗模造型

一轮枝

枝下高占比	88%
树冠中心	100%
树枝长度	0.6m
树枝角度	55°
角度变化	80%
树枝弯曲	−128%
树枝密度	6cm
树枝扭曲	0°

其他枝条

分枝长度	100%
长度变化	100%
分枝角度	100%
角度变化	100%
细枝长度	22cm
细枝角度	90°
细枝弯曲	22%
细枝密度	70cm

树干

树干宽度	5%
树枝宽度	24mm

树叶

树叶密度	2cm
茎长度	4mm
茎角度	90°
茎弯曲	−30%

中龄

粗模造型

一轮枝

树干高度	3.6m
枝下高占比	60%
树冠中心	100%
树枝长度	3.0m
树枝角度	55°
角度变化	80%
树枝弯曲	−128%
树枝密度	71cm
树枝扭曲	0°

其他枝条

分枝长度	100%
长度变化	100%
分枝角度	100%
角度变化	100%
细枝长度	15cm
细枝角度	90°
细枝弯曲	22%
细枝密度	57cm

树干

树干宽度	45%
树枝宽度	24mm

树叶

树叶密度	3cm
茎长度	4mm
茎角度	90°
茎弯曲	−90%

· 大龄

粗模造型

一轮枝

树干高度	3.4m
枝下高占比	8%
树冠中心	41%
树枝长度	0.9m
树枝角度	55°
角度变化	80%
树枝弯曲	−128%
树枝密度	71cm
树枝扭曲	0°

其他枝条

分枝长度	100%
长度变化	100%
分枝角度	100%
角度变化	100%
细枝长度	30cm
细枝角度	90°
细枝弯曲	22%
细枝密度	66cm

树干

树干宽度	97%
树枝宽度	24mm

树叶

树叶密度	1cm
茎长度	2mm
茎角度	90°
茎弯曲	−90%

黄波罗

· 幼龄

粗模造型

一轮枝

树干高度	1.9m
枝下高占比	64%
树冠中心	100%
树枝长度	0.6m
树枝角度	65°
角度变化	25%
树枝弯曲	−7%
树枝密度	30cm
树枝扭曲	0°

其他枝条

分枝长度	100%
长度变化	100%
分枝角度	100%
角度变化	100%
细枝长度	18cm
细枝角度	64°
细枝弯曲	−44%
细枝密度	19cm

树干

树干宽度	13%
树枝宽度	20mm

树叶

树叶密度	1cm
茎长度	2mm
茎角度	40°
茎弯曲	0%

·中龄

粗模造型

一轮枝

树干高度	7.9m
枝下高占比	36%
树冠中心	100%
树枝长度	1.3m
树枝角度	40°
角度变化	50%
树枝弯曲	−83%
树枝密度	65cm
树枝扭曲	0°

其他枝条

分枝长度	100%
长度变化	100%
分枝角度	100%
角度变化	100%
细枝长度	24cm
细枝角度	54°
细枝弯曲	17%
细枝密度	21cm

树干

树干宽度	85%
树枝宽度	49mm

树叶

树叶密度	2cm
茎长度	0mm
茎角度	45°
茎弯曲	0%

·大龄

粗模造型

一轮枝

树干高度	12.8m
枝下高占比	36%
树冠中心	100%
树枝长度	2.2m
树枝角度	40°
角度变化	50%
树枝弯曲	−83%
树枝密度	65cm
树枝扭曲	0°

其他枝条

分枝长度	100%
长度变化	100%
分枝角度	100%
角度变化	100%
细枝长度	24cm
细枝角度	54°
细枝弯曲	17%
细枝密度	21cm

树干

树干宽度	95%
树枝宽度	49mm

树叶

树叶密度	2cm
茎长度	0mm
茎角度	45°
茎弯曲	0%

榆树

·幼龄

粗模造型

一轮枝

树干高度	2.2m
枝下高占比	49%
树冠中心	100%
树枝长度	0.6m
树枝角度	45°
角度变化	51%
树枝弯曲	−54%
树枝密度	42cm
树枝扭曲	0°

其他枝条

分枝长度	100%
长度变化	100%
分枝角度	100%
角度变化	100%
细枝长度	3cm
细枝角度	45°
细枝弯曲	38%
细枝密度	15cm

树干

树干宽度	10%
树枝宽度	56mm

树叶

树叶密度	1cm
茎长度	10mm
茎角度	78°
茎弯曲	0%

·中龄

粗模造型

一轮枝

树干高度	5.6m
枝下高占比	49%
树冠中心	100%
树枝长度	1.7m
树枝角度	15°
角度变化	51%
树枝弯曲	−236%
树枝密度	106cm
树枝扭曲	0°

其他枝条

分枝长度	100%
长度变化	100%
分枝角度	100%
角度变化	100%
细枝长度	19cm
细枝角度	45°
细枝弯曲	38%
细枝密度	15cm

树干

树干宽度	48%
树枝宽度	56mm

树叶

树叶密度	1cm
茎长度	10mm
茎角度	78°
茎弯曲	0%

·大龄

粗模造型

一轮枝

树干高度	7.8m
枝下高占比	51%
树冠中心	100%
树枝长度	2.1m
树枝角度	15°
角度变化	50%
树枝弯曲	−236%
树枝密度	150cm
树枝扭曲	0°

其他枝条

分枝长度	100%
长度变化	100%
分枝角度	100%
角度变化	100%
细枝长度	19cm
细枝角度	45°
细枝弯曲	38%
细枝密度	15cm

树干

树干宽度	61%
树枝宽度	56mm

树叶

树叶密度	1cm
茎长度	10mm
茎角度	78°
茎弯曲	0%

紫椴

·中龄

粗模造型

一轮枝

树干高度	6.0m
枝下高占比	48%
树冠中心	100%
树枝长度	1.5m
树枝角度	45°
角度变化	70%
树枝弯曲	0%
树枝密度	100cm
树枝扭曲	0°

其他枝条

分枝长度	100%
长度变化	100%
分枝角度	100%
角度变化	100%
细枝长度	12cm
细枝角度	43°
细枝弯曲	41%
细枝密度	3cm

树干

树干宽度	49%
树枝宽度	26mm

树叶

树叶密度	2cm
茎长度	0mm
茎角度	40°
茎弯曲	−30%

柳树

·幼龄

粗模造型

一轮枝

树干高度	1.6m
枝下高占比	34%
树冠中心	11%
树枝长度	0.3m
树枝角度	55°
角度变化	50%
树枝弯曲	51%
树枝密度	39cm
树枝扭曲	0°

其他枝条

分枝长度	100%
长度变化	100%
分枝角度	100%
角度变化	100%
细枝长度	9cm
细枝角度	62°
细枝弯曲	−41%
细枝密度	17cm

树干

树干宽度	17%
树枝宽度	35mm

树叶

树叶密度	3cm
茎长度	10mm
茎角度	40°
茎弯曲	−7%

·中龄

粗模造型

一轮枝

树干高度	4.8m
枝下高占比	29%
树冠中心	25%
树枝长度	1.3m
树枝角度	48°
角度变化	50%
树枝弯曲	−40%
树枝密度	90cm
树枝扭曲	0°

其他枝条

分枝长度	100%
长度变化	100%
分枝角度	100%
角度变化	100%
细枝长度	24cm
细枝角度	62°
细枝弯曲	−41%
细枝密度	17cm

树干

树干宽度	100%
树枝宽度	35mm

树叶

树叶密度	3cm
茎长度	10mm
茎角度	40°
茎弯曲	0%

·大龄

粗模造型

一轮枝

树干高度	7.7m
枝下高占比	38%
树冠中心	25%
树枝长度	1.7m
树枝角度	51°
角度变化	50%
树枝弯曲	−40%
树枝密度	90cm
树枝扭曲	0°

其他枝条

分枝长度	100%
长度变化	100%
分枝角度	100%
角度变化	100%
细枝长度	21cm
细枝角度	45°
细枝弯曲	38%
细枝密度	17cm

树干

树干宽度	100%
树枝宽度	35mm

树叶

树叶密度	3cm
茎长度	10mm
茎角度	40°
茎弯曲	0%

山杨

·幼龄

粗模造型

一轮枝

树干高度	0.6m
枝下高占比	58%
树冠中心	35%
树枝长度	0.2m
树枝角度	58°
角度变化	26%
树枝弯曲	−12%
树枝密度	8cm
树枝扭曲	0°

其他枝条

分枝长度	100%
长度变化	100%
分枝角度	100%
角度变化	100%
细枝长度	1cm
细枝角度	43°
细枝弯曲	−30%
细枝密度	17cm

树干

树干宽度	3%
树枝宽度	30mm

树叶

树叶密度	1cm
茎长度	1mm
茎角度	36°
茎弯曲	−22%

·中龄

粗模造型

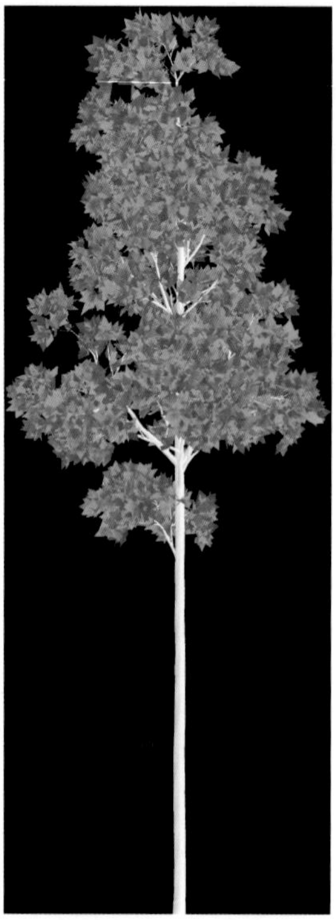

一轮枝

树干高度	7.2m
枝下高占比	51%
树冠中心	27%
树枝长度	1.3m
树枝角度	44°
角度变化	26%
树枝弯曲	33%
树枝密度	100cm
树枝扭曲	0°

其他枝条

分枝长度	100%
长度变化	100%
分枝角度	100%
角度变化	100%
细枝长度	5cm
细枝角度	43°
细枝弯曲	17%
细枝密度	5cm

树干

树干宽度	29%
树枝宽度	30mm

树叶

树叶密度	1cm
茎长度	4mm
茎角度	40°
茎弯曲	0%

·大龄

粗模造型

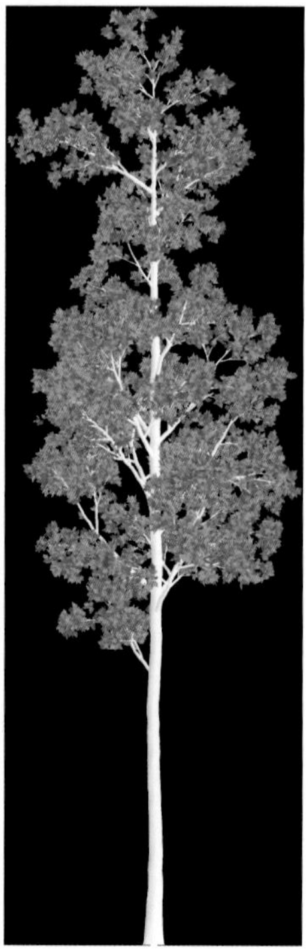

一轮枝

树干高度	7.8m
枝下高占比	39%
树冠中心	27%
树枝长度	2.9m
树枝角度	49°
角度变化	26%
树枝弯曲	33%
树枝密度	150cm
树枝扭曲	0°

其他枝条

分枝长度	100%
长度变化	100%
分枝角度	100%
角度变化	100%
细枝长度	4cm
细枝角度	43°
细枝弯曲	17%
细枝密度	5cm

树干

树干宽度	70%
树枝宽度	30mm

树叶

树叶密度	1cm
茎长度	4mm
茎角度	40°
茎弯曲	0%

甜杨

幼龄

粗模造型

一轮枝

树干高度	1.9m
枝下高占比	30%
树冠中心	27%
树枝长度	0.5m
树枝角度	58°
角度变化	31%
树枝弯曲	12%
树枝密度	31cm
树枝扭曲	°0

其他枝条

分枝长度	100%
长度变化	100%
分枝角度	100%
角度变化	100%
细枝长度	4cm
细枝角度	43°
细枝弯曲	−59%
细枝密度	6cm

树干

树干宽度	11%
树枝宽度	27mm

树叶

树叶密度	1cm
茎长度	6mm
茎角度	40°
茎弯曲	0%

中龄

粗模造型

一轮枝

树干高度	11.3m
枝下高占比	34%
树冠中心	27%
树枝长度	1.9m
树枝角度	68°
角度变化	31%
树枝弯曲	12%
树枝密度	42cm
树枝扭曲	0°

其他枝条

分枝长度	100%
长度变化	100%
分枝角度	100%
角度变化	100%
细枝长度	4cm
细枝角度	43°
细枝弯曲	−59%
细枝密度	6cm

树干

树干宽度	43%
树枝宽度	27mm

树叶

树叶密度	1cm
茎长度	6mm
茎角度	40°
茎弯曲	0%

·大龄

粗模造型

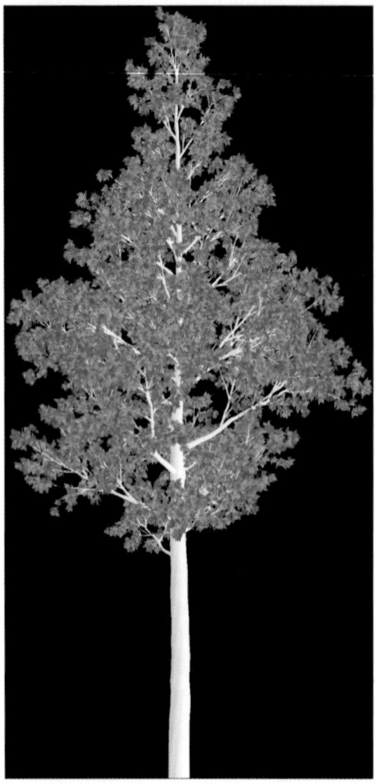

一轮枝

树干高度	13.0m
枝下高占比	34%
树冠中心	27%
树枝长度	3.4m
树枝角度	68°
角度变化	31%
树枝弯曲	12%
树枝密度	42cm
树枝扭曲	0°

其他枝条

分枝长度	100%
长度变化	100%
分枝角度	100%
角度变化	100%
细枝长度	5cm
细枝角度	43°
细枝弯曲	−59%
细枝密度	6cm

树干

树干宽度	100%
树枝宽度	27mm

树叶

树叶密度	1cm
茎长度	6mm
茎角度	40°
茎弯曲	0%

槭树（白牛槭、色木槭、拧筋槭）

·幼龄

粗模造型

一轮枝

树干高度	2.9m
枝下高占比	53%
树冠中心	100%
树枝长度	0.8m
树枝角度	71°
角度变化	23%
树枝弯曲	28%
树枝密度	47cm
树枝扭曲	0°

其他枝条

分枝长度	100%
长度变化	100%
分枝角度	100%
角度变化	99%
细枝长度	3cm
细枝角度	51°
细枝弯曲	0%
细枝密度	46cm

树干

树干宽度	20%
树枝宽度	100mm

树叶

树叶密度	9cm
茎长度	0mm
茎角度	35°
茎弯曲	1%

·中龄

粗模造型

一轮枝

树干高度	6.1m
枝下高占比	65%
树冠中心	100%
树枝长度	1.9m
树枝角度	48°
角度变化	23%
树枝弯曲	20%
树枝密度	100cm
树枝扭曲	0°

其他枝条

分枝长度	100%
长度变化	100%
分枝角度	100%
角度变化	99%
细枝长度	6cm
细枝角度	45°
细枝弯曲	0%
细枝密度	28cm

树干

树干宽度	46%
树枝宽度	100mm

树叶

树叶密度	9cm
茎长度	0mm
茎角度	35°
茎弯曲	1%

·大龄

粗模造型

一轮枝

树干高度	11.3m
枝下高占比	65%
树冠中心	100%
树枝长度	3.7m
树枝角度	48°
角度变化	23%
树枝弯曲	20%
树枝密度	108cm
树枝扭曲	0°

其他枝条

分枝长度	100%
长度变化	100%
分枝角度	100%
角度变化	99%
细枝长度	6cm
细枝角度	45°
细枝弯曲	0%
细枝密度	28cm

树干

树干宽度	82%
树枝宽度	100mm

树叶

树叶密度	6cm
茎长度	0mm
茎角度	35°
茎弯曲	1%

（2）亚乔木树种

暴马丁香

幼龄

粗模造型

一轮枝

树干高度	2.7m
枝下高占比	32%
树冠中心	100%
树枝长度	0.7m
树枝角度	60°
角度变化	9%
树枝弯曲	22%
树枝密度	45cm
树枝扭曲	0°

其他枝条

分枝长度	100%
长度变化	100%
分枝角度	100%
角度变化	100%
细枝长度	6cm
细枝角度	53°
细枝弯曲	0%
细枝密度	4cm

树干

树干宽度	25%
树枝宽度	46mm

树叶

树叶密度	7cm
茎长度	60mm
茎角度	90°
茎弯曲	−90%

中龄

粗模造型

一轮枝

树干高度	5.9m
枝下高占比	32%
树冠中心	100%
树枝长度	1.4m
树枝角度	60°
角度变化	9%
树枝弯曲	22%
树枝密度	46cm
树枝扭曲	0°

其他枝条

分枝长度	100%
长度变化	100%
分枝角度	100%
角度变化	100%
细枝长度	6cm
细枝角度	53°
细枝弯曲	0%
细枝密度	4cm

树干

树干宽度	62%
树枝宽度	46mm

树叶

树叶密度	7cm
茎长度	60mm
茎角度	90°
茎弯曲	−90%

·大龄

粗模造型

一轮枝

树干高度	11.8m
枝下高占比	22%
树冠中心	100%
树枝长度	1.7m
树枝角度	60°
角度变化	9%
树枝弯曲	12%
树枝密度	71cm
树枝扭曲	0°

其他枝条

分枝长度	100%
长度变化	100%
分枝角度	100%
角度变化	100%
细枝长度	9cm
细枝角度	53°
细枝弯曲	0%
细枝密度	3cm

树干

树干宽度	97%
树枝宽度	46mm

树叶

树叶密度	5cm
茎长度	60mm
茎角度	90°
茎弯曲	−90%

青楷槭

·幼龄

粗模造型

一轮枝

树干高度	1.0m
枝下高占比	57%
树冠中心	100%
树枝长度	0.3m
树枝角度	43°
角度变化	75%
树枝弯曲	−1%
树枝密度	25cm
树枝扭曲	°0

其他枝条

分枝长度	100%
长度变化	100%
分枝角度	100%
角度变化	100%
细枝长度	4cm
细枝角度	53°
细枝弯曲	0%
细枝密度	4cm

树干

树干宽度	8%
树枝宽度	46mm

树叶

树叶密度	5cm
茎长度	60mm
茎角度	90°
茎弯曲	−90%

·中龄

粗模造型

一轮枝

树干高度	5.8m
枝下高占比	57%
树冠中心	100%
树枝长度	1.6m
树枝角度	77°
角度变化	75%
树枝弯曲	−1%
树枝密度	66cm
树枝扭曲	0°

其他枝条

分枝长度	100%
长度变化	100%
分枝角度	100%
角度变化	100%
细枝长度	7cm
细枝角度	53°
细枝弯曲	0%
细枝密度	4cm

树干

树干宽度	48%
树枝宽度	46mm

树叶

树叶密度	5cm
茎长度	60mm
茎角度	90°
茎弯曲	−90%

·大龄

粗模造型

一轮枝

树干高度	8.6m
枝下高占比	57%
树冠中心	100%
树枝长度	1.7m
树枝角度	77°
角度变化	75%
树枝弯曲	52%
树枝密度	87cm
树枝扭曲	0°

其他枝条

分枝长度	100%
长度变化	100%
分枝角度	100%
角度变化	100%
细枝长度	7cm
细枝角度	53°
细枝弯曲	0%
细枝密度	4cm

树干

树干宽度	76%
树枝宽度	46mm

树叶

树叶密度	5cm
茎长度	60mm
茎角度	90°
茎弯曲	−90%

花楷槭

幼龄

粗模造型

一轮枝

树干高度	2.2m
枝下高占比	55%
树冠中心	100%
树枝长度	0.5m
树枝角度	68°
角度变化	80%
树枝弯曲	−1%
树枝密度	21cm
树枝扭曲	0°

其他枝条

分枝长度	100%
长度变化	100%
分枝角度	100%
角度变化	100%
细枝长度	7cm
细枝角度	53°
细枝弯曲	0%
细枝密度	7cm

树干

树干宽度	15%
树枝宽度	46mm

树叶

树叶密度	8cm
茎长度	60mm
茎角度	90°
茎弯曲	−90%

中龄

粗模造型

一轮枝

树干高度	6.2m
枝下高占比	42%
树冠中心	100%
树枝长度	1.3m
树枝角度	71°
角度变化	80%
树枝弯曲	−1%
树枝密度	80cm
树枝扭曲	0°

其他枝条

分枝长度	100%
长度变化	100%
分枝角度	100%
角度变化	100%
细枝长度	7cm
细枝角度	53°
细枝弯曲	0%
细枝密度	7cm

树干

树干宽度	46%
树枝宽度	46mm

树叶

树叶密度	7cm
茎长度	60mm
茎角度	90°
茎弯曲	−90%

稠李

·幼龄

粗模造型

一轮枝

树干高度	0.8m
枝下高占比	38%
树冠中心	100%
树枝长度	0.4m
树枝角度	59°
角度变化	75%
树枝弯曲	−64%
树枝密度	33cm
树枝扭曲	0°

其他枝条

分枝长度	100%
长度变化	100%
分枝角度	100%
角度变化	100%
细枝长度	7cm
细枝角度	90°
细枝弯曲	20%
细枝密度	8cm

树干

树干宽度	5%
树枝宽度	100mm

树叶

树叶密度	2cm
茎长度	0mm
茎角度	90°
茎弯曲	−90%

·中龄

粗模造型

一轮枝

树干高度	4.0m
枝下高占比	49%
树冠中心	100%
树枝长度	2.4m
树枝角度	57°
角度变化	75%
树枝弯曲	−88%
树枝密度	60cm
树枝扭曲	0°

其他枝条

分枝长度	100%
长度变化	100%
分枝角度	100%
角度变化	100%
细枝长度	15cm
细枝角度	90°
细枝弯曲	20%
细枝密度	8cm

树干

树干宽度	47%
树枝宽度	100mm

树叶

树叶密度	2cm
茎长度	0mm
茎角度	90°
茎弯曲	−90%

·大龄

粗模造型

一轮枝

树干高度	5.2m
枝下高占比	25%
树冠中心	100%
树枝长度	5.8m
树枝角度	57°
角度变化	75%
树枝弯曲	−88%
树枝密度	83cm
树枝扭曲	0°

其他枝条

分枝长度	100%
长度变化	100%
分枝角度	100%
角度变化	100%
细枝长度	15cm
细枝角度	90°
细枝弯曲	20%
细枝密度	8cm

树干

树干宽度	100%
树枝宽度	100mm

树叶

树叶密度	2cm
茎长度	0mm
茎角度	90°
茎弯曲	−90%

山丁子

·幼龄

粗模造型

一轮枝

树干高度	2.3m
枝下高占比	47%
树冠中心	62%
树枝长度	0.9m
树枝角度	53°
角度变化	53%
树枝弯曲	4%
树枝密度	25cm
树枝扭曲	33°

其他枝条

分枝长度	87%
长度变化	100%
分枝角度	100%
角度变化	100%
细枝长度	7cm
细枝角度	80°
细枝弯曲	−25%
细枝密度	5cm

树干

树干宽度	16%
树枝宽度	63mm

树叶

树叶密度	1cm
茎长度	0mm
茎角度	88°
茎弯曲	15%

·中龄

粗模造型

一轮枝

树干高度	5.0m
枝下高占比	43%
树冠中心	62%
树枝长度	1.9m
树枝角度	51°
角度变化	37%
树枝弯曲	−94%
树枝密度	25cm
树枝扭曲	33°

其他枝条

分枝长度	87%
长度变化	100%
分枝角度	100%
角度变化	100%
细枝长度	17cm
细枝角度	80°
细枝弯曲	−49%
细枝密度	33cm

树干

树干宽度	16%
树枝宽度	63mm

树叶

树叶密度	2cm
茎长度	13mm
茎角度	88°
茎弯曲	−6%

·大龄

粗模造型

一轮枝

树干高度	6.5m
枝下高占比	60%
树冠中心	62%
树枝长度	1.5m
树枝角度	53°
角度变化	37%
树枝弯曲	−107%
树枝密度	30cm
树枝扭曲	33°

其他枝条

分枝长度	87%
长度变化	100%
分枝角度	100%
角度变化	100%
细枝长度	17cm
细枝角度	80°
细枝弯曲	−49%
细枝密度	15cm

树干

树干宽度	16%
树枝宽度	63mm

树叶

树叶密度	2cm
茎长度	13mm
茎角度	88°
茎弯曲	−6%

岳桦

幼龄

粗模造型

一轮枝

树干高度	2.5m
枝下高占比	42%
树冠中心	100%
树枝长度	2.0m
树枝角度	57°
角度变化	87%
树枝弯曲	0%
树枝密度	40cm
树枝扭曲	0°

其他枝条

分枝长度	100%
长度变化	100%
分枝角度	100%
角度变化	100%
细枝长度	7cm
细枝角度	43°
细枝弯曲	41%
细枝密度	4cm

树干

树干宽度	30%
树枝宽度	48mm

树叶

树叶密度	4cm
茎长度	22mm
茎角度	40°
茎弯曲	0%

中龄

粗模造型

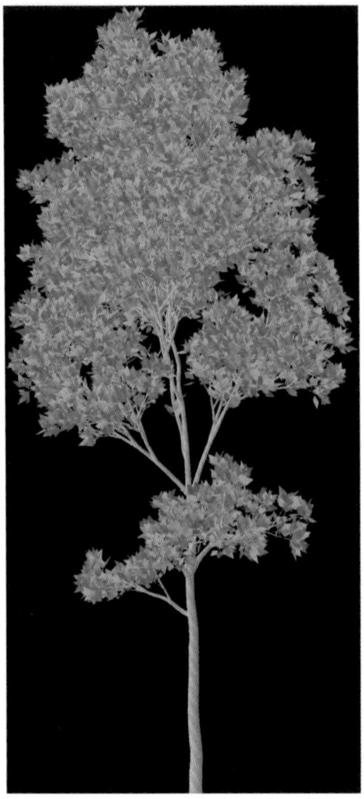

一轮枝

树干高度	4.4m
枝下高占比	38%
树冠中心	100%
树枝长度	2.9m
树枝角度	61°
角度变化	87%
树枝弯曲	0%
树枝密度	40cm
树枝扭曲	0°

其他枝条

分枝长度	100%
长度变化	100%
分枝角度	100%
角度变化	100%
细枝长度	7cm
细枝角度	43°
细枝弯曲	41%
细枝密度	4cm

树干

树干宽度	67%
树枝宽度	44mm

树叶

树叶密度	1cm
茎长度	22mm
茎角度	40°
茎弯曲	0%

·大龄

粗模造型

一轮枝

树干高度	10.4m
枝下高占比	38%
树冠中心	100%
树枝长度	4.4m
树枝角度	71°
角度变化	87%
树枝弯曲	0%
树枝密度	40cm
树枝扭曲	0°

其他枝条

分枝长度	100%
长度变化	100%
分枝角度	100%
角度变化	100%
细枝长度	7cm
细枝角度	43°
细枝弯曲	41%
细枝密度	4cm

树干

树干宽度	98%
树枝宽度	48mm

树叶

树叶密度	1cm
茎长度	22mm
茎角度	40°
茎弯曲	0%

钻天柳（红毛柳）

·幼龄

粗模造型

一轮枝

树干高度	3.1m
枝下高占比	45%
树冠中心	70%
树枝长度	1.0m
树枝角度	38°
角度变化	70%
树枝弯曲	−186%
树枝密度	40cm
树枝扭曲	0°

其他枝条

分枝长度	59%
长度变化	100%
分枝角度	100%
角度变化	100%
细枝长度	12cm
细枝角度	43°
细枝弯曲	16%
细枝密度	9cm

树干

树干宽度	10%
树枝宽度	45mm

树叶

树叶密度	6cm
茎长度	0mm
茎角度	45°
茎弯曲	0%

·中龄

粗模造型

一轮枝

树干高度	9.3m
枝下高占比	45%
树冠中心	70%
树枝长度	2.3m
树枝角度	38°
角度变化	70%
树枝弯曲	−186%
树枝密度	69cm
树枝扭曲	0°

其他枝条

分枝长度	59%
长度变化	100%
分枝角度	100%
角度变化	100%
细枝长度	33cm
细枝角度	43°
细枝弯曲	16%
细枝密度	9cm

树干

树干宽度	39%
树枝宽度	45mm

树叶

树叶密度	4cm
茎长度	0mm
茎角度	45°
茎弯曲	0%

·大龄

粗模造型

一轮枝

树干高度	13.5m
枝下高占比	46%
树冠中心	70%
树枝长度	3.4m
树枝角度	38°
角度变化	70%
树枝弯曲	−186%
树枝密度	69cm
树枝扭曲	0°

其他枝条

分枝长度	59%
长度变化	100%
分枝角度	100%
角度变化	100%
细枝长度	33cm
细枝角度	43°
细枝弯曲	16%
细枝密度	9cm

树干

树干宽度	100%
树枝宽度	45mm

树叶

树叶密度	4cm
茎长度	0mm
茎角度	45°
茎弯曲	0%

榛子

幼龄

粗模造型

一轮枝

树干高度	0.4m
枝下高占比	13%
树冠中心	0%
树枝长度	0.2m
树枝角度	59°
角度变化	50%
树枝弯曲	−15%
树枝密度	12cm
树枝扭曲	0°

其他枝条

分枝长度	100%
长度变化	100%
分枝角度	100%
角度变化	100%
细枝长度	0cm
细枝角度	37°
细枝弯曲	1%
细枝密度	1cm

树干

树干宽度	13%
树枝宽度	12mm

树叶

树叶密度	16cm
茎长度	16mm
茎角度	60°
茎弯曲	−18%

中龄

粗模造型

一轮枝

树干高度	0.8m
枝下高占比	27%
树冠中心	0%
树枝长度	0.4m
树枝角度	59°
角度变化	50%
树枝弯曲	−15%
树枝密度	12cm
树枝扭曲	0°

其他枝条

分枝长度	100%
长度变化	100%
分枝角度	100%
角度变化	100%
细枝长度	0cm
细枝角度	37°
细枝弯曲	1%
细枝密度	1cm

树干

树干宽度	18%
树枝宽度	12mm

树叶

树叶密度	16cm
茎长度	16mm
茎角度	60°
茎弯曲	−18%

·大龄

粗模造型

一轮枝

树干高度	1.0m
枝下高占比	52%
树冠中心	0%
树枝长度	0.5m
树枝角度	59°
角度变化	50%
树枝弯曲	−15%
树枝密度	12cm
树枝扭曲	0°

其他枝条

分枝长度	100%
长度变化	100%
分枝角度	100%
角度变化	100%
细枝长度	0cm
细枝角度	37°
细枝弯曲	1%
细枝密度	1cm

树干

树干宽度	21%
树枝宽度	12mm

树叶

树叶密度	16cm
茎长度	16mm
茎角度	60°
茎弯曲	−18%

（3）灌木树种

丛桦

·幼龄

粗模造型

一轮枝

树干高度	0.1m
枝下高占比	52%
树冠中心	0%
树枝长度	1.3m
树枝角度	5°
角度变化	50%
树枝弯曲	−3%
树枝密度	5cm
树枝扭曲	0°

其他枝条

分枝长度	100%
长度变化	100%
分枝角度	100%
角度变化	100%
细枝长度	2cm
细枝角度	37°
细枝弯曲	1%
细枝密度	1cm

树干

树干宽度	100%
树枝宽度	12mm

树叶

树叶密度	4cm
茎长度	16mm
茎角度	60°
茎弯曲	−18%

·中龄

粗模造型

一轮枝

树干高度	0.1m
枝下高占比	52%
树冠中心	0%
树枝长度	1.6m
树枝角度	5°
角度变化	50%
树枝弯曲	−3%
树枝密度	5cm
树枝扭曲	0°

其他枝条

分枝长度	100%
长度变化	100%
分枝角度	100%
角度变化	100%
细枝长度	2cm
细枝角度	37°
细枝弯曲	1%
细枝密度	1cm

树干

树干宽度	100%
树枝宽度	12mm

树叶

树叶密度	4cm
茎长度	16mm
茎角度	60°
茎弯曲	−18%

·大龄

粗模造型

一轮枝

树干高度	0.1m
枝下高占比	52%
树冠中心	0%
树枝长度	2.1m
树枝角度	5°
角度变化	50%
树枝弯曲	−3%
树枝密度	44cm
树枝扭曲	0°

其他枝条

分枝长度	100%
长度变化	100%
分枝角度	100%
角度变化	100%
细枝长度	2cm
细枝角度	37°
细枝弯曲	1%
细枝密度	2cm

树干

树干宽度	100%
树枝宽度	12mm

树叶

树叶密度	10cm
茎长度	16mm
茎角度	60°
茎弯曲	−18%

绣线菊

·幼龄

粗模造型

一轮枝

树干高度	0.2m
枝下高占比	13%
树冠中心	0%
树枝长度	0.2m
树枝角度	59°
角度变化	50%
树枝弯曲	−15%
树枝密度	12cm
树枝扭曲	0°

其他枝条

分枝长度	100%
长度变化	100%
分枝角度	100%
角度变化	100%
细枝长度	0cm
细枝角度	37°
细枝弯曲	1%
细枝密度	1cm

树干

树干宽度	1%
树枝宽度	12mm

树叶

树叶密度	16cm
茎长度	0mm
茎角度	60°
茎弯曲	−18%

·中龄

粗模造型

一轮枝

树干高度	0.7m
枝下高占比	36%
树冠中心	0%
树枝长度	0.2m
树枝角度	59°
角度变化	50%
树枝弯曲	−15%
树枝密度	12cm
树枝扭曲	0°

其他枝条

分枝长度	100%
长度变化	100%
分枝角度	100%
角度变化	100%
细枝长度	0cm
细枝角度	37°
细枝弯曲	1%
细枝密度	1cm

树干

树干宽度	5%
树枝宽度	12mm

树叶

树叶密度	16cm
茎长度	0mm
茎角度	60°
茎弯曲	−18%

·大龄

粗模造型

一轮枝

树干高度	1.0m
枝下高占比	27%
树冠中心	0%
树枝长度	0.3m
树枝角度	59°
角度变化	50%
树枝弯曲	−15%
树枝密度	10cm
树枝扭曲	0°

其他枝条

分枝长度	100%
长度变化	100%
分枝角度	100%
角度变化	100%
细枝长度	0cm
细枝角度	37°
细枝弯曲	1%
细枝密度	1cm

树干

树干宽度	1%
树枝宽度	12mm

树叶

树叶密度	16cm
茎长度	0mm
茎角度	60°
茎弯曲	−18%

刺玫

·幼龄

粗模造型

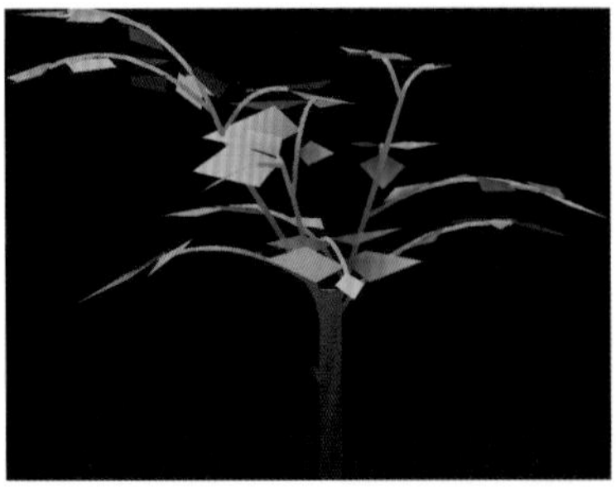

一轮枝

树干高度	0.1m
枝下高占比	35%
树冠中心	100%
树枝长度	0.1m
树枝角度	38°
角度变化	50%
树枝弯曲	−20%
树枝密度	2cm
树枝扭曲	0°

其他枝条

分枝长度	23%
长度变化	100%
分枝角度	100%
角度变化	100%
细枝长度	5cm
细枝角度	54°
细枝弯曲	−44%
细枝密度	2cm

树干

树干宽度	1%
树枝宽度	6mm

树叶

树叶密度	1cm
茎长度	0mm
茎角度	90°
茎弯曲	−180%

·中龄

粗模造型

一轮枝

树干高度	0.1m
枝下高占比	35%
树冠中心	100%
树枝长度	1.4m
树枝角度	38°
角度变化	50%
树枝弯曲	－20%
树枝密度	39cm
树枝扭曲	0°

其他枝条

分枝长度	23%
长度变化	100%
分枝角度	100%
角度变化	100%
细枝长度	5cm
细枝角度	54°
细枝弯曲	－44%
细枝密度	2cm

树干

树干宽度	10%
树枝宽度	6mm

树叶

树叶密度	1cm
茎长度	0mm
茎角度	90°
茎弯曲	－180%

·大龄

粗模造型

一轮枝

树干高度	0.1m
枝下高占比	35%
树冠中心	100%
树枝长度	1.4m
树枝角度	38°
角度变化	50%
树枝弯曲	－20%
树枝密度	91cm
树枝扭曲	0°

其他枝条

分枝长度	23%
长度变化	100%
分枝角度	100%
角度变化	100%
细枝长度	5cm
细枝角度	54°
细枝弯曲	－44%
细枝密度	2cm

树干

树干宽度	10%
树枝宽度	6mm

树叶

树叶密度	1cm
茎长度	0mm
茎角度	90°
茎弯曲	－180%

偃松

幼龄

粗模造型

一轮枝

树干高度	0.1m
枝下高占比	100%
树冠中心	25%
树枝长度	1.1m
树枝角度	127°
角度变化	45%
树枝弯曲	40%
树枝密度	15cm
树枝扭曲	0°

其他枝条

分枝长度	100%
长度变化	100%
分枝角度	100%
角度变化	100%
细枝长度	20cm
细枝角度	45°
细枝弯曲	22%
细枝密度	15cm

树干

树干宽度	62%
树枝宽度	21mm

树叶

松针长度	87mm
松针角度	90°
松针弯曲	42%
松针密度	3mm

中龄

粗模造型

一轮枝

树干高度	0.1m
枝下高占比	100%
树冠中心	25%
树枝长度	1.1m
树枝角度	127°
角度变化	45%
树枝弯曲	40%
树枝密度	15cm
树枝扭曲	0°

其他枝条

分枝长度	100%
长度变化	100%
分枝角度	100%
角度变化	100%
细枝长度	20cm
细枝角度	45°
细枝弯曲	22%
细枝密度	15cm

树干

树干宽度	62%
树枝宽度	21mm

树叶

松针长度	101mm
松针角度	90°
松针弯曲	42%
松针密度	1mm

·大龄

粗模造型

一轮枝

树干高度	0.1m
枝下高占比	100%
树冠中心	25%
树枝长度	1.1m
树枝角度	127°
角度变化	45%
树枝弯曲	40%
树枝密度	15cm
树枝扭曲	0°

其他枝条

分枝长度	100%
长度变化	100%
分枝角度	100%
角度变化	100%
细枝长度	20cm
细枝角度	45°
细枝弯曲	22%
细枝密度	15cm

树干

树干宽度	62%
树枝宽度	21mm

树叶

松针长度	101mm
松针角度	90°
松针弯曲	42%
松针密度	1mm

胡枝子

·幼龄

粗模造型

一轮枝

树干高度	0.1m
枝下高占比	25%
树冠中心	0%
树枝长度	0.3m
树枝角度	47°
角度变化	50%
树枝弯曲	−15%
树枝密度	12cm
树枝扭曲	0°

其他枝条

分枝长度	100%
长度变化	100%
分枝角度	100%
角度变化	100%
细枝长度	0cm
细枝角度	37°
细枝弯曲	1%
细枝密度	1cm

树干

树干宽度	6%
树枝宽度	12mm

树叶

树叶密度	19cm
茎长度	16mm
茎角度	60°
茎弯曲	−18%

中龄

粗模造型

一轮枝

树干高度	0.1m
枝下高占比	42%
树冠中心	0%
树枝长度	0.6m
树枝角度	50°
角度变化	50%
树枝弯曲	38%
树枝密度	12cm
树枝扭曲	0°

其他枝条

分枝长度	100%
长度变化	100%
分枝角度	100%
角度变化	100%
细枝长度	0cm
细枝角度	37°
细枝弯曲	1%
细枝密度	1cm

树干

树干宽度	11%
树枝宽度	12mm

树叶

树叶密度	1cm
茎长度	15mm
茎角度	40°
茎弯曲	−36%

大龄

粗模造型

一轮枝

树干高度	0.1m
枝下高占比	52%
树冠中心	0%
树枝长度	0.8m
树枝角度	47°
角度变化	50%
树枝弯曲	44%
树枝密度	5cm
树枝扭曲	0°

其他枝条

分枝长度	100%
长度变化	100%
分枝角度	100%
角度变化	100%
细枝长度	1cm
细枝角度	37°
细枝弯曲	1%
细枝密度	1cm

树干

树干宽度	12%
树枝宽度	12mm

树叶

树叶密度	7cm
茎长度	16mm
茎角度	60°
茎弯曲	−18%

杜鹃

幼龄

粗模造型

一轮枝

树干高度	0.1m
枝下高占比	25%
树冠中心	25%
树枝长度	0.1m
树枝角度	39°
角度变化	50%
树枝弯曲	0%
树枝密度	4cm
树枝扭曲	0°

其他枝条

分枝长度	100%
长度变化	100%
分枝角度	100%
角度变化	100%
细枝长度	0cm
细枝角度	45°
细枝弯曲	0%
细枝密度	5cm

树干

树干宽度	9%
树枝宽度	12mm

树叶

树叶密度	3cm
茎长度	0mm
茎角度	90°
茎弯曲	0%

中龄

粗模造型

一轮枝

树干高度	0.1m
枝下高占比	25%
树冠中心	25%
树枝长度	0.5m
树枝角度	35°
角度变化	50%
树枝弯曲	0%
树枝密度	4cm
树枝扭曲	0°

其他枝条

分枝长度	100%
长度变化	100%
分枝角度	100%
角度变化	100%
细枝长度	3cm
细枝角度	45°
细枝弯曲	0%
细枝密度	5cm

树干

树干宽度	50%
树枝宽度	12mm

树叶

树叶密度	5cm
茎长度	0mm
茎角度	90°
茎弯曲	0%

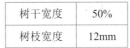

·大龄

粗模造型

一轮枝

树干高度	0.1m
枝下高占比	25%
树冠中心	25%
树枝长度	1.1m
树枝角度	35°
角度变化	50%
树枝弯曲	0%
树枝密度	4cm
树枝扭曲	0°

其他枝条

分枝长度	100%
长度变化	100%
分枝角度	100%
角度变化	100%
细枝长度	3cm
细枝角度	45°
细枝弯曲	0%
细枝密度	5cm

树干

树干宽度	50%
树枝宽度	12mm

树叶

树叶密度	5cm
茎长度	0mm
茎角度	90°
茎弯曲	0%

珍珠梅

·幼龄

粗模造型

一轮枝

树干高度	0.3m
枝下高占比	78%
树冠中心	30%
树枝长度	0.4m
树枝角度	72°
角度变化	77%
树枝弯曲	−67%
树枝密度	16cm
树枝扭曲	0°

其他枝条

分枝长度	100%
长度变化	100%
分枝角度	100%
角度变化	100%
细枝长度	23cm
细枝角度	57°
细枝弯曲	−41%
细枝密度	17cm

树干

树干宽度	4%
树枝宽度	40mm

树叶

树叶密度	1cm
茎长度	2mm
茎角度	90°
茎弯曲	−52%

·中龄

粗模造型

一轮枝

树干高度	0.9m
枝下高占比	51%
树冠中心	30%
树枝长度	0.5m
树枝角度	67°
角度变化	77%
树枝弯曲	−67%
树枝密度	16cm
树枝扭曲	0°

其他枝条

分枝长度	100%
长度变化	100%
分枝角度	100%
角度变化	100%
细枝长度	26cm
细枝角度	57°
细枝弯曲	−41%
细枝密度	20cm

树干

树干宽度	4%
树枝宽度	40mm

树叶

树叶密度	1cm
茎长度	2mm
茎角度	90°
茎弯曲	−51%

·大龄

粗模造型

一轮枝

树干高度	1.2m
枝下高占比	51%
树冠中心	30%
树枝长度	1.0m
树枝角度	64°
角度变化	77%
树枝弯曲	−67%
树枝密度	16cm
树枝扭曲	0°

其他枝条

分枝长度	100%
长度变化	100%
分枝角度	100%
角度变化	100%
细枝长度	30cm
细枝角度	57°
细枝弯曲	−46%
细枝密度	20cm

树干

树干宽度	10%
树枝宽度	40mm

树叶

树叶密度	1cm
茎长度	2mm
茎角度	90°
茎弯曲	−51%

红瑞木

幼龄

粗模造型

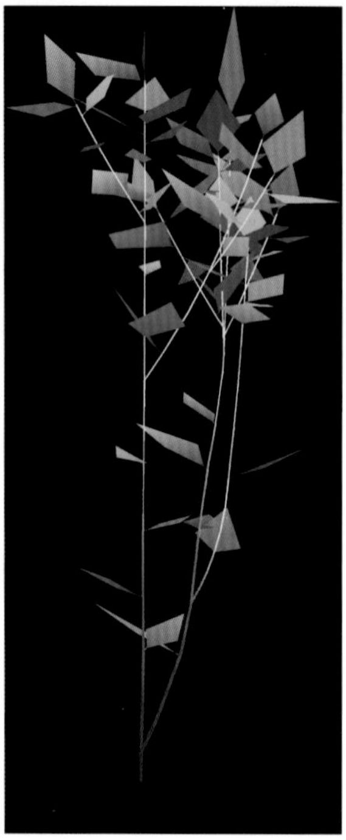

一轮枝

树干高度	0.1m
枝下高占比	6%
树冠中心	100%
树枝长度	0.4m
树枝角度	5°
角度变化	6%
树枝弯曲	25%
树枝密度	2cm
树枝扭曲	0°

其他枝条

分枝长度	100%
长度变化	100%
分枝角度	100%
角度变化	100%
细枝长度	0cm
细枝角度	34°
细枝弯曲	9%
细枝密度	2cm

树干

树干宽度	19%
树枝宽度	5mm

树叶

树叶密度	4cm
茎长度	6mm
茎角度	79°
茎弯曲	14%

中龄

粗模造型

一轮枝

树干高度	0.1m
枝下高占比	6%
树冠中心	100%
树枝长度	0.8m
树枝角度	24°
角度变化	6%
树枝弯曲	−22%
树枝密度	2cm
树枝扭曲	0°

其他枝条

分枝长度	100%
长度变化	100%
分枝角度	100%
角度变化	100%
细枝长度	0cm
细枝角度	34°
细枝弯曲	9%
细枝密度	2cm

树干

树干宽度	19%
树枝宽度	5mm

树叶

树叶密度	4cm
茎长度	6mm
茎角度	79°
茎弯曲	14%

·大龄

粗模造型

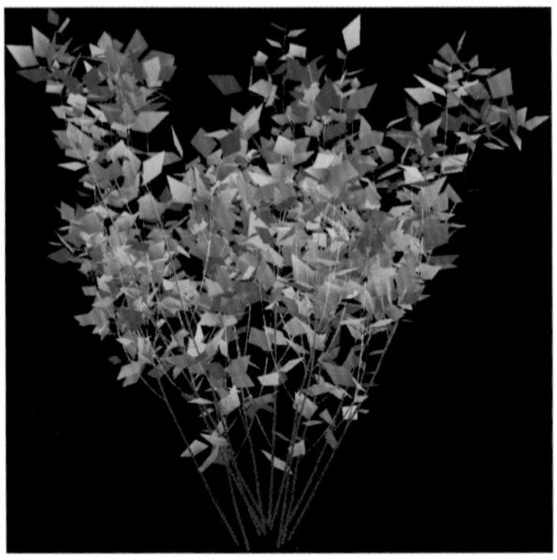

一轮枝

树干高度	0.1m
枝下高占比	6%
树冠中心	100%
树枝长度	1.6m
树枝角度	13°
角度变化	5%
树枝弯曲	−91%
树枝密度	2cm
树枝扭曲	0°

其他枝条

分枝长度	100%
长度变化	100%
分枝角度	100%
角度变化	100%
细枝长度	0cm
细枝角度	34°
细枝弯曲	9%
细枝密度	2cm

树干

树干宽度	19%
树干类型	0cm
树枝宽度	5mm

树叶

树叶密度	4cm
茎长度	6mm
茎角度	79°
茎弯曲	14%

五味子（藤本）

·中龄

粗模造型

一轮枝

树干高度	0.1m
枝下高占比	54%
树冠中心	42%
树枝长度	1.5m
树枝角度	35°
角度变化	50%
树枝弯曲	0%
树枝密度	29cm
树枝扭曲	0°

其他枝条

分枝长度	100%
长度变化	100%
分枝角度	100%
角度变化	100%
细枝长度	2cm
细枝角度	45°
细枝弯曲	38%
细枝密度	5cm

树干

树干宽度	8%
树枝宽度	25mm

树叶

树叶密度	9cm
茎长度	3mm
茎角度	18°
茎弯曲	−15%

·大龄

粗模造型

一轮枝

树干高度	0.1m
枝下高占比	54%
树冠中心	42%
树枝长度	2.1m
树枝角度	35°
角度变化	50%
树枝弯曲	0%
树枝密度	141cm
树枝扭曲	0°

其他枝条

分枝长度	100%
长度变化	100%
分枝角度	100%
角度变化	100%
细枝长度	2cm
细枝角度	45°
细枝弯曲	38%
细枝密度	5cm

树干

树干宽度	8%
树枝宽度	25mm

树叶

树叶密度	9cm
茎长度	3mm
茎角度	18°
茎弯曲	−15%

忍冬

·幼龄

粗模造型

一轮枝

树干高度	0.3m
枝下高占比	50%
树冠中心	30%
树枝长度	0.4m
树枝角度	46°
角度变化	77%
树枝弯曲	12%
树枝密度	43cm
树枝扭曲	0°

其他枝条

分枝长度	100%
长度变化	100%
分枝角度	100%
角度变化	100%
细枝长度	22cm
细枝角度	36°
细枝弯曲	−12%
细枝密度	4cm

树干

树干宽度	6%
树枝宽度	40mm

树叶

树叶密度	1cm
茎长度	3mm
茎角度	39°
茎弯曲	−77%

·中龄

粗模造型

一轮枝

树干高度	0.6m
枝下高占比	50%
树冠中心	30%
树枝长度	0.6m
树枝角度	46°
角度变化	77%
树枝弯曲	12%
树枝密度	43cm
树枝扭曲	0°

其他枝条

分枝长度	100%
长度变化	100%
分枝角度	100%
角度变化	100%
细枝长度	29cm
细枝角度	36°
细枝弯曲	10%
细枝密度	4cm

树干

树干宽度	8%
树枝宽度	40mm

树叶

树叶密度	1cm
茎长度	3mm
茎角度	39°
茎弯曲	−77%

·大龄

粗模造型

一轮枝

树干高度	1.8m
枝下高占比	38%
树冠中心	30%
树枝长度	0.7m
树枝角度	59°
角度变化	77%
树枝弯曲	−68%
树枝密度	43cm
树枝扭曲	0°

其他枝条

分枝长度	100%
长度变化	100%
分枝角度	100%
角度变化	100%
细枝长度	18cm
细枝角度	57°
细枝弯曲	10%
细枝密度	4cm

树干

树干宽度	10%
树枝宽度	40mm

树叶

树叶密度	1cm
茎长度	3mm
茎角度	39°
茎弯曲	−47%

刺五加

幼龄

粗模造型

一轮枝

树干高度	0.1m
枝下高占比	34%
树冠中心	100%
树枝长度	0.3m
树枝角度	59°
角度变化	100%
树枝弯曲	−53%
树枝密度	19cm
树枝扭曲	0°

其他枝条

分枝长度	100%
长度变化	100%
分枝角度	95%
角度变化	100%
细枝长度	0cm
细枝角度	45°
细枝弯曲	−4%
细枝密度	2cm

树干

树干宽度	10%
树枝宽度	20mm

树叶

树叶密度	1cm
茎长度	99mm
茎角度	40°
茎弯曲	0%

中龄

粗模造型

一轮枝

树干高度	0.3m
枝下高占比	34%
树冠中心	100%
树枝长度	0.7m
树枝角度	59°
角度变化	100%
树枝弯曲	−54%
树枝密度	41cm
树枝扭曲	0°

其他枝条

分枝长度	100%
长度变化	100%
分枝角度	95%
角度变化	100%
细枝长度	0cm
细枝角度	45°
细枝弯曲	−4%
细枝密度	2cm

树干

树干宽度	10%
树枝宽度	20mm

树叶

树叶密度	1cm
茎长度	99mm
茎角度	40°
茎弯曲	0%

·大龄

粗模造型

一轮枝

树干高度	1.0m
枝下高占比	34%
树冠中心	100%
树枝长度	0.7m
树枝角度	59°
角度变化	100%
树枝弯曲	−54%
树枝密度	41cm
树枝扭曲	0°

其他枝条

分枝长度	100%
长度变化	100%
分枝角度	100%
角度变化	100%
细枝长度	0cm
细枝角度	45°
细枝弯曲	−4%
细枝密度	2cm

树干

树干宽度	22%
树枝宽度	20mm

树叶

树叶密度	1cm
茎长度	99mm
茎角度	40°
茎弯曲	0%

笃斯越橘（蓝莓）

·中龄

粗模造型

一轮枝

树干高度	0.1m
枝下高占比	6%
树冠中心	100%
树枝长度	0.2m
树枝角度	5°
角度变化	5%
树枝弯曲	−400%
树枝密度	2cm
树枝扭曲	0°

其他枝条

分枝长度	100%
长度变化	100%
分枝角度	100%
角度变化	100%
细枝长度	2cm
细枝角度	34°
细枝弯曲	−17%
细枝密度	2cm

树干

树干宽度	19%
树枝宽度	5mm

树叶

树叶密度	1cm
茎长度	6mm
茎角度	79°
茎弯曲	14%

·中龄

粗模造型

一轮枝

树干高度	0.1m
枝下高占比	6%
树冠中心	100%
树枝长度	0.5m
树枝角度	5°
角度变化	5%
树枝弯曲	−400%
树枝密度	2cm
树枝扭曲	0°

其他枝条

分枝长度	100%
长度变化	100%
分枝角度	100%
角度变化	100%
细枝长度	1cm
细枝角度	34°
细枝弯曲	99%
细枝密度	2cm

树干

树干宽度	44%
树枝宽度	5mm

树叶

树叶密度	1cm
茎长度	6mm
茎角度	79°
茎弯曲	14%

·大龄

粗模造型

一轮枝

树干高度	0.1m
枝下高占比	6%
树冠中心	100%
树枝长度	0.8m
树枝角度	5°
角度变化	5%
树枝弯曲	−400%
树枝密度	2cm
树枝扭曲	0°

其他枝条

分枝长度	100%
长度变化	100%
分枝角度	100%
角度变化	100%
细枝长度	1cm
细枝角度	34°
细枝弯曲	99%
细枝密度	1cm

树干

树干宽度	44%
树枝宽度	5mm

树叶

树叶密度	1cm
茎长度	6mm
茎角度	79°
茎弯曲	14%

4.2.2 模型赋材质

为了保留模型的参数并随机将叶子材质分类，使模型更加真实自然，需要使用Onyxtree提供的3dmax插件Tree strom导入树模型，实现模型枝、干、叶分组。

考虑到赋材质的效率及效果和操作便利性，本研究借助Deep Exploration软件来实现模型赋材质。赋材质前需要利用Photoshop对采集的材质进行简单修正，使树皮、树叶照片更清晰，去除透视、增加透明通道，叶子外轮廓之外设置为透明色。通过这些操作使叶子和树皮在实际尺寸大小的情况下显示效果和存储大小得到合理的平衡。选择合适的贴图材料对树干、树枝、树叶进行贴图，将全部贴好图的结果进行保存。

技术流程如图4-3。

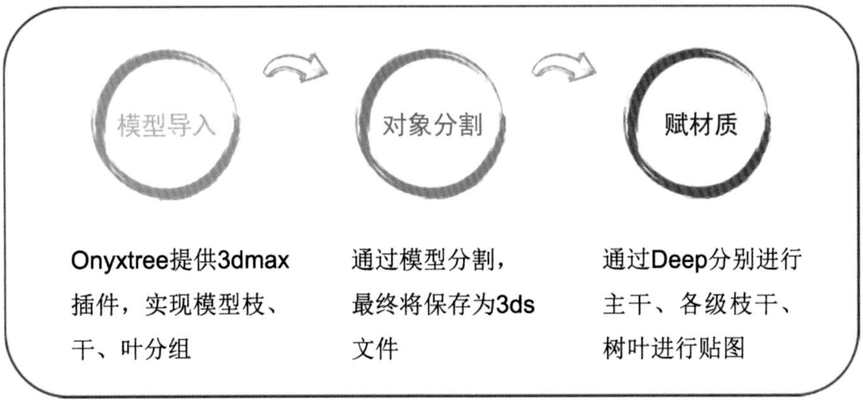

图4-3 模型赋材质流程示意图

4.2.2.1 树模型构件分割存储

通过Onyxtree提供3dmax插件Storm导入树模型，实现模型树枝、树干、树叶的分组，并输出为3ds数据格式。由于受3ds格式所限，单个文件对象不超过64k，需要将树模型分割为n个对象后分别文件存储，具体需根据数据量确定。分割时，应尽量保持树干和一轮枝的完整，方便后期贴图参数设置。

4.2.2.2 照片预处理

赋材质前需要利用Photoshop软件对采集的材质进行简单修正。使树皮、树叶照片更清晰、去除透视、增加透明通道，树叶外轮廓之外设置为透明色。使在树叶和树皮在实际尺寸大小的情况下显示效果和存储大小得到合理的平衡（图4-4）。

使用Photoshop将采集的树叶及树皮裁切，存为.png格式的透明图像，文件命名要体现树种、年龄阶段、树组成部分（树叶或树皮等）、所属样木等特征。如某大龄阶段的白桦样木A的树叶图片，保存文件为：白桦成皮A.png。贴图像素大小为2的n次方，正方形或长方形均可，如256×512、128×128、1024×256。

树皮和树叶均选取纹理匀称、无特殊斑点的照片，使用裁切工具依比例选取合适选区。通常使用加深、减淡工具或羽化后做亮度调整，具体依个人习惯和实际效果。

图4-4　树皮照片预处理

4.2.2.3　树模型贴图

考虑到赋材质的效率及效果和操作便利性，此工序借助deep软件来实现。在软件中，选择合适的贴图材料对树干、树枝、树叶进行纹理贴图，对树干、树枝、树皮这些部位设置属性，如漫反射（图4-5）、透明度、凹凸两项、ScaleV（竖向贴图次数）和ScaleU（横向贴图次数）等，使树种的各个部位在实际尺寸大小的情况下显示效果和存储大小得到合理的平衡。

图4-5　选定漫反射贴图

4.2.3 树种库管理

树种库是存储树种不同年龄阶段和类型的所有树模型的资源库。所有树种的片状树模型和精细树模型全部都存储到树种库，并进行管理，实现大规模森林场景下各个树种模型的快速检索和读取。此外，还实现多级LOD树模型的关联和管理。

LOD技术在不影响树木视觉效果前提下，通过逐步简化树枝、树叶等的表现细节纹理，来减少模型三角面的数量，从而提升林木三维展示效率。本研究利用LOD技术原理，将精细树分解为多级LOD树模型，实现不同距离下的不同精度的三维展示。

本研究采用树种库管理功能，实现每个树种精细树模型和多级LOD树模型的关联，同时支持对精细树模型进行前视图、左视图、顶视图模型的LOD细分模型，如图4-6杨树LOD的0级模型分为左视图和前视图模型。

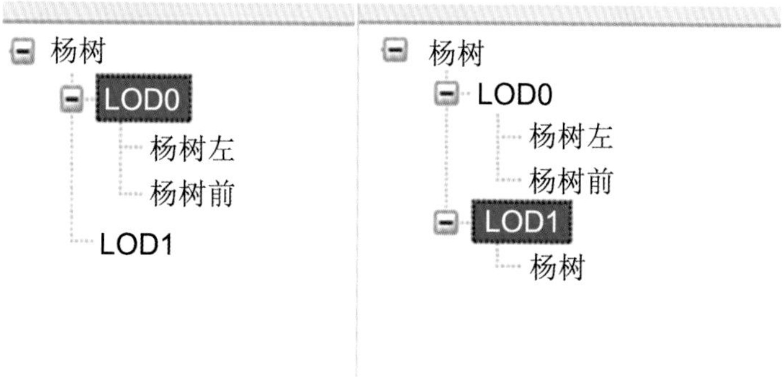

图4-6 杨树LOD模型示意图

4.3 主要树种单木模型库建设成果

依据2017—2018年树种采集及2019年补充采集结果开展树种建模，其中有些树种由于照片数据或三维结构参数缺项较多，未能完成建模。最终完成38种东北国有林区乔、灌木单木模型建设，覆盖东北国有林区林地面积90%以上。

表4-39 东北重点国有林区38个主要树种单木建模完成情况表

序号	类型	树种	模型备注	序号	类型	树种	模型备注
1	乔木	冷杉（臭松）		5	乔木	樟子松	
2		云　杉		6		长白松	
3		落叶松		7		蒙古栎（柞树）	
4		红　松		8		白　桦	缺少大龄模型

（续表）

序号	类型	树种	模型备注
9	乔木	黑　桦	
10		水曲柳	
11		胡桃楸	
12		黄波罗	
13		榆　树	缺少中、幼龄林模型
14		紫　椴	只有大龄模型
15		柳　树	
16		山　杨	含山杨模型
17		甜　杨	
18		槭树（白牛槭、色木槭、拧筋槭）	主要是白牛槭
19	亚乔木	暴马丁香	
20		青楷槭	
21		花楷槭	缺少大龄模型
22		稠　李	
23		山丁子	
24	亚乔木	岳　桦	缺少中、幼龄林模型
25		钻天柳（红毛柳）	缺少大龄模型
26		榛　子	
27	灌木	丛　桦	
28		绣线菊	
29		刺　玫	
30		偃　松	
31		胡枝子	
32		杜　鹃	
33		珍珠梅	
34		红瑞木	
35		五味子（藤本）	缺少幼龄模型
36		忍　冬	
37		刺五加	
38		笃斯越橘（蓝莓）	

4.4 主要树种单木建模效果图

4.4.1 乔木树种

冷杉（臭松）

幼龄

正视图

顶视图

树枝局部

树叶（花）

中龄

正视图

顶视图

树枝局部

树叶（花）

大龄

正视图

顶视图

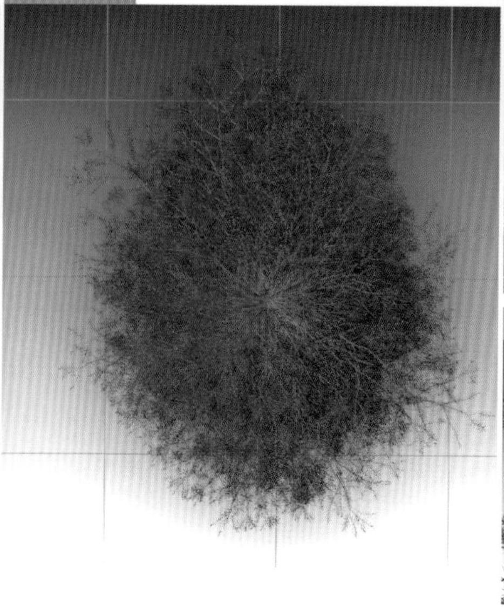

树枝局部

树叶（花）

云杉

·幼龄

正视图

顶视图

树枝局部

树叶（花）

·中龄

正视图

顶视图

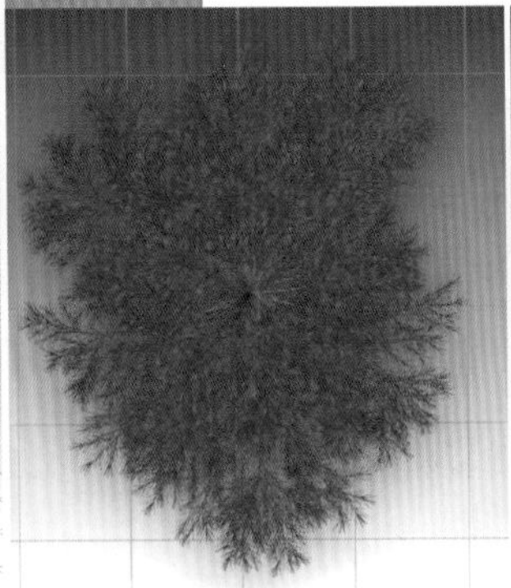

树枝局部

树叶（花）

·大龄

正视图

顶视图

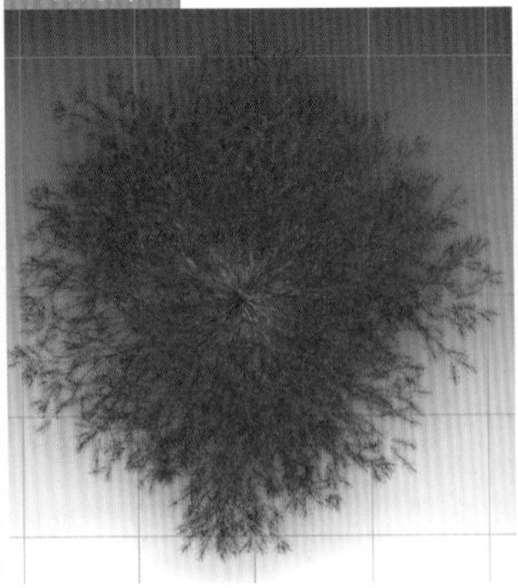

树枝局部

树叶（花）

落叶松

·幼龄

正视图

顶视图

树枝局部

树叶（花）

·中龄

正视图

顶视图

树枝局部

树叶（花）

·大龄

正视图

顶视图

树枝局部

树叶（花）

红松

幼龄

正视图

顶视图

树枝局部

树叶（花）

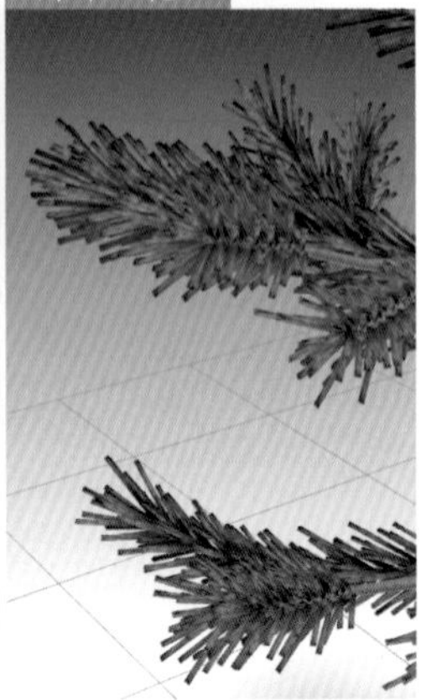

中龄

正视图

顶视图

树枝局部

树叶（花）

大龄

正视图

顶视图

树枝局部

树叶（花）

樟子松

幼龄

正视图

顶视图

树枝局部

树叶（花）

中龄

正视图

顶视图

树枝局部

树叶（花）

大龄

正视图

顶视图

树枝局部

树叶（花）

长白松

·幼龄

正视图

顶视图

树枝局部

树叶（花）

·中龄

正视图

顶视图

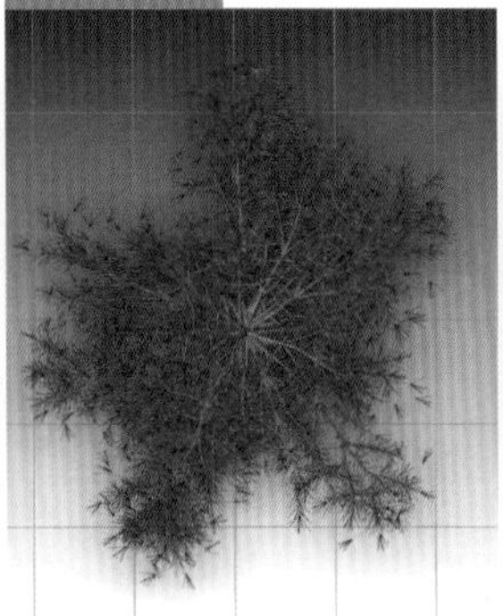

树枝局部

树叶（花）

·大龄

正视图

顶视图

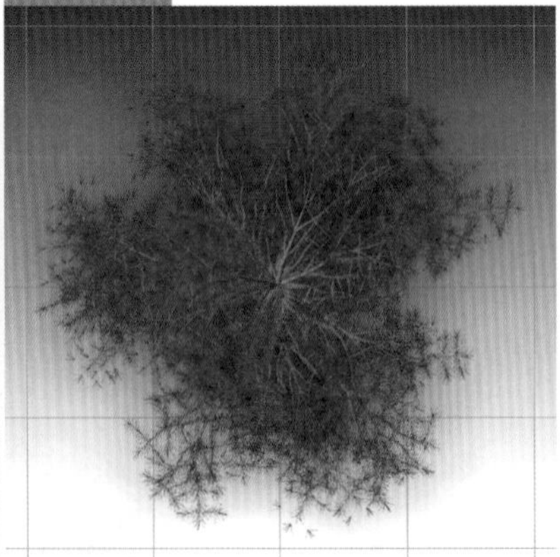

树枝局部

树叶（花）

蒙古栎（柞树）

·幼龄

正视图

顶视图

树枝局部

树叶（花）

·中龄

正视图

顶视图

树枝局部

树叶（花）

·大龄

正视图

顶视图

树枝局部

树叶（花）

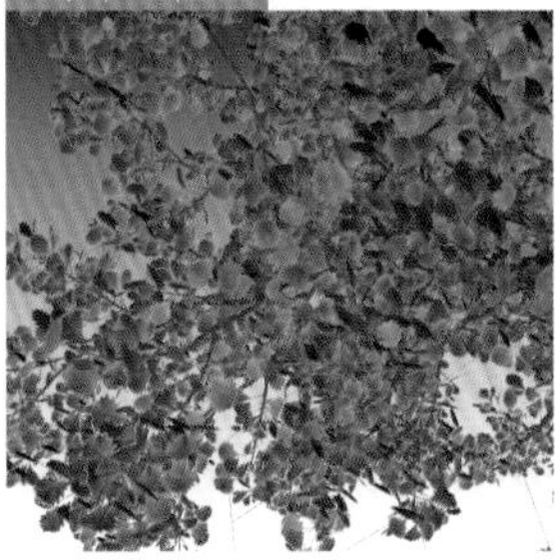

白桦

幼龄

正视图

顶视图

树枝局部

树叶（花）

中龄

正视图

顶视图

树枝局部

树叶（花）

大龄

正视图

顶视图

树枝局部

树叶（花）

黑桦

·幼龄

正视图

顶视图

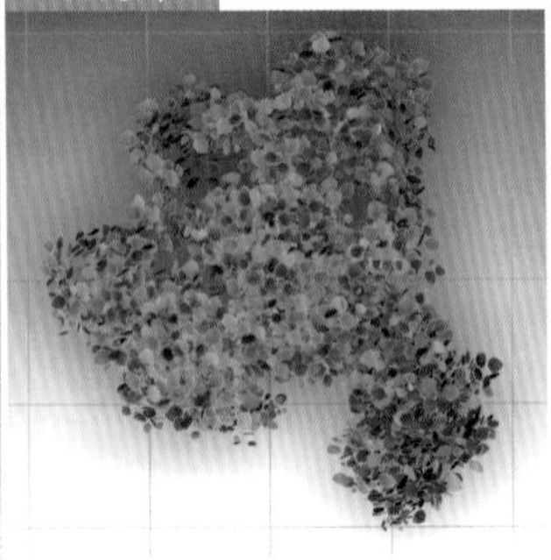

树枝局部

树叶（花）

·中龄

正视图

顶视图

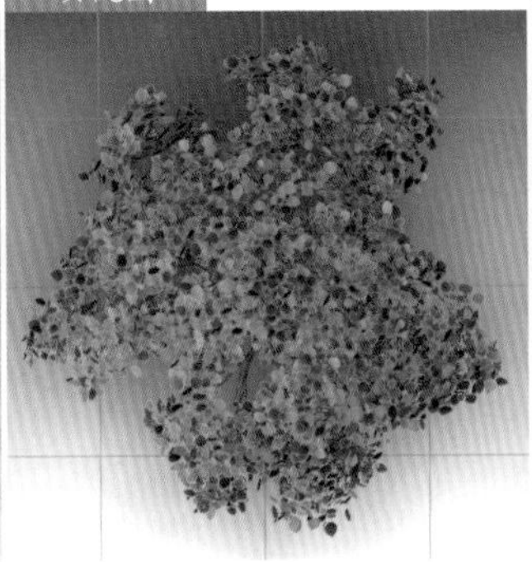

树枝局部

树叶（花）

·大龄

正视图

顶视图

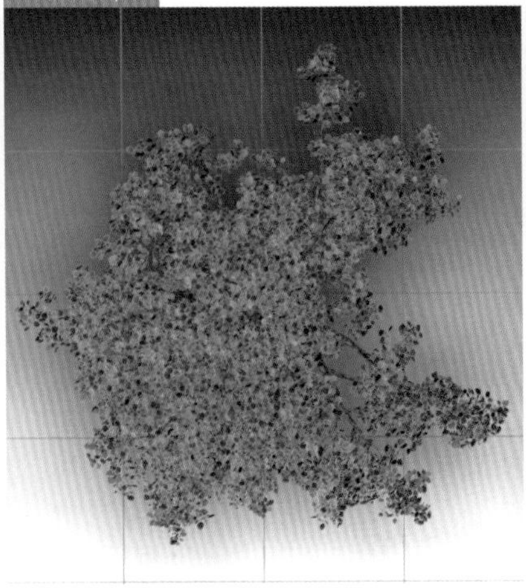

树枝局部

树叶（花）

水曲柳

· 幼龄

正视图

顶视图

树枝局部

树叶（花）

· 中龄

正视图

顶视图

树枝局部

树叶（花）

· 大龄

正视图

顶视图

树枝局部

树叶（花）

胡桃楸

·幼龄

正视图

顶视图

树枝局部

树叶（花）

·中龄

正视图

顶视图

树枝局部

树叶（花）

·大龄

正视图

顶视图

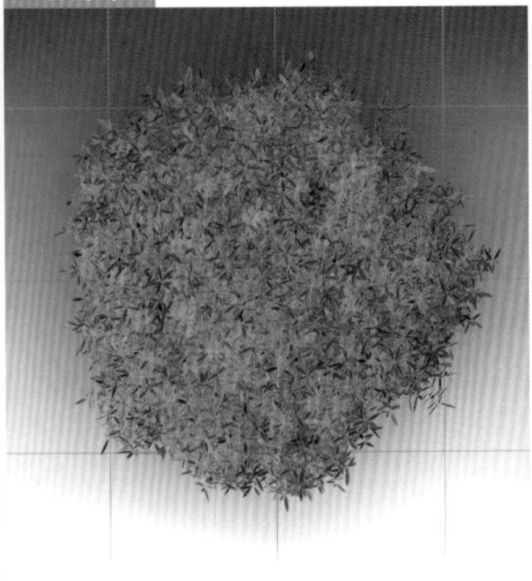

树枝局部

树叶（花）

黄波罗

幼龄

正视图

顶视图

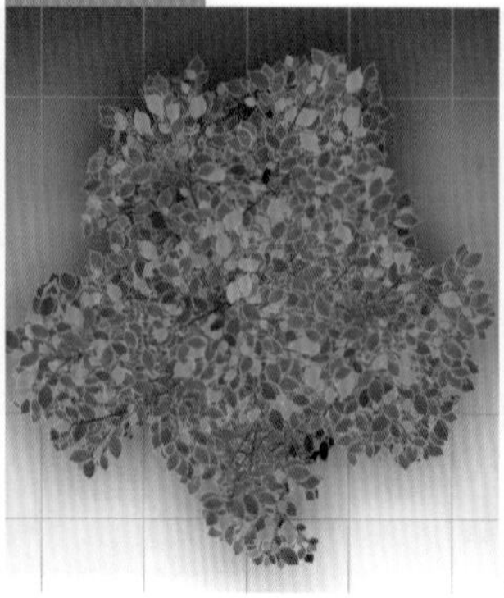

树枝局部

树叶（花）

中龄

正视图

顶视图

树枝局部

树叶（花）

大龄

正视图

顶视图

树枝局部

树叶（花）

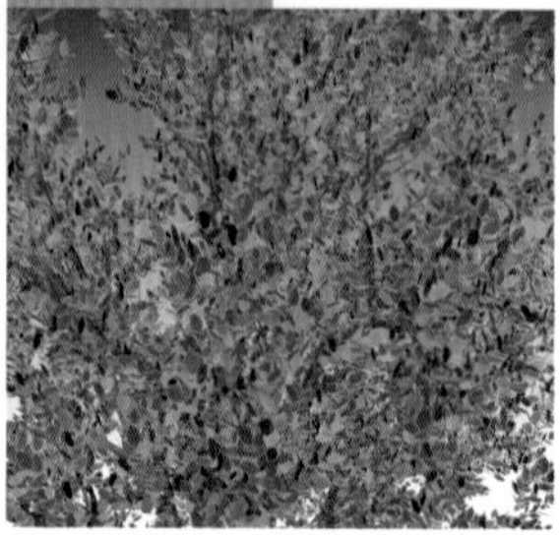

榆树

·幼龄

正视图

顶视图

树枝局部

树叶（花）

·中龄

正视图

树枝局部

顶视图

树叶（花）

·大龄

正视图

树枝局部

顶视图

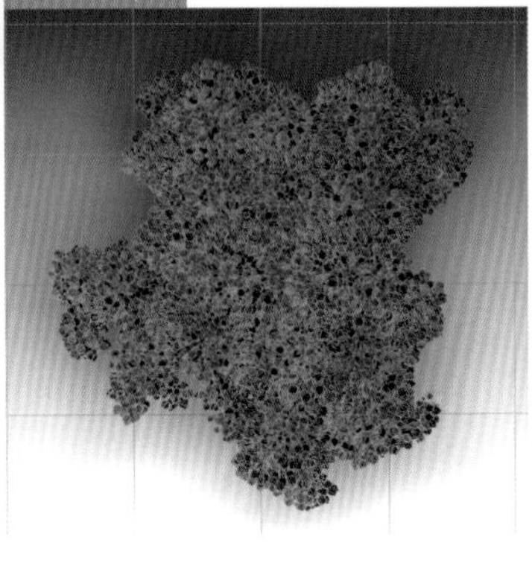

树叶（花）

紫椴

·幼龄

正视图

顶视图

树枝局部

树叶（花）

·中龄

正视图

顶视图

树枝局部

树叶（花）

·大龄

正视图

顶视图

树枝局部

树叶（花）

柳树

· 幼龄

正视图

顶视图

树枝局部

树叶（花）

· 中龄

正视图

顶视图

树枝局部

树叶（花）

· 大龄

正视图

树枝局部

顶视图

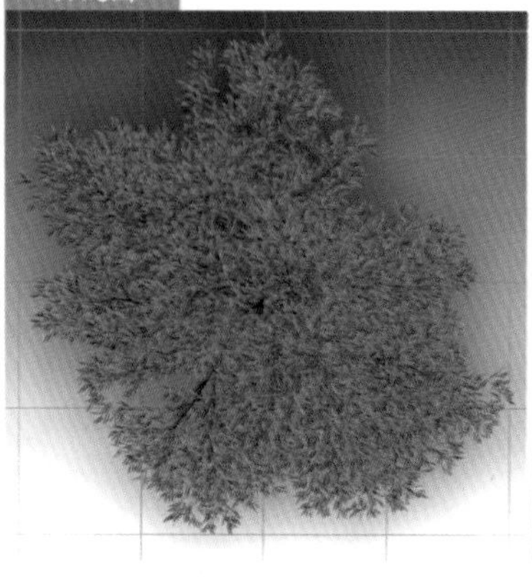

树叶（花）

山杨

甜杨

幼龄

正视图

顶视图

树枝局部

树叶（花）

中龄

正视图

顶视图

树枝局部

树叶（花）

大龄

正视图

顶视图

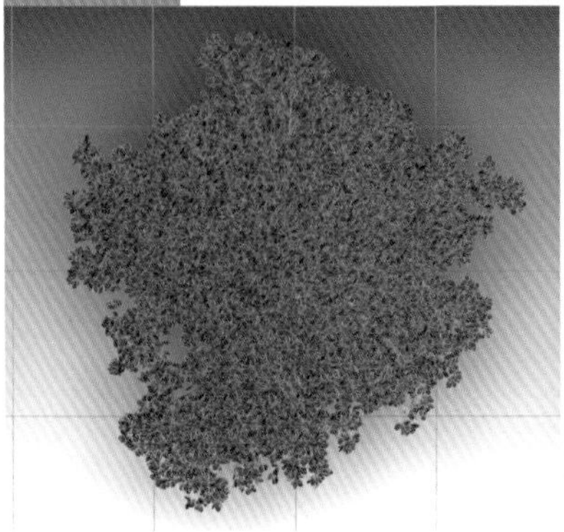

树枝局部

树叶（花）

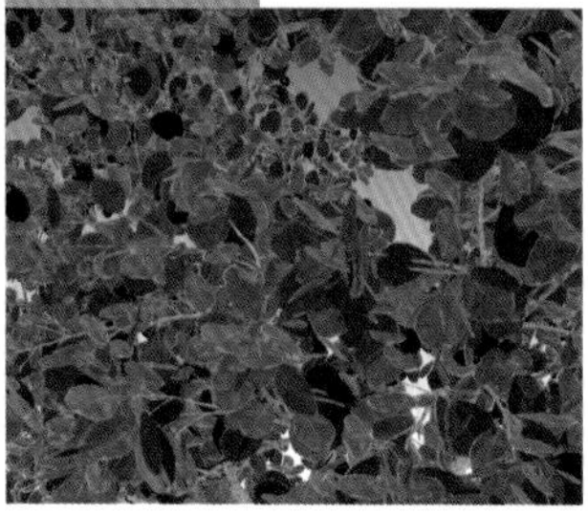

白牛槭

幼龄

正视图

顶视图

树枝局部

树叶（花）

中龄

正视图

顶视图

树枝局部

树叶（花）

大龄

正视图

顶视图

树枝局部

树叶（花）

4.4.2 亚乔木树种

暴马丁香

·幼龄

·中龄

·大龄

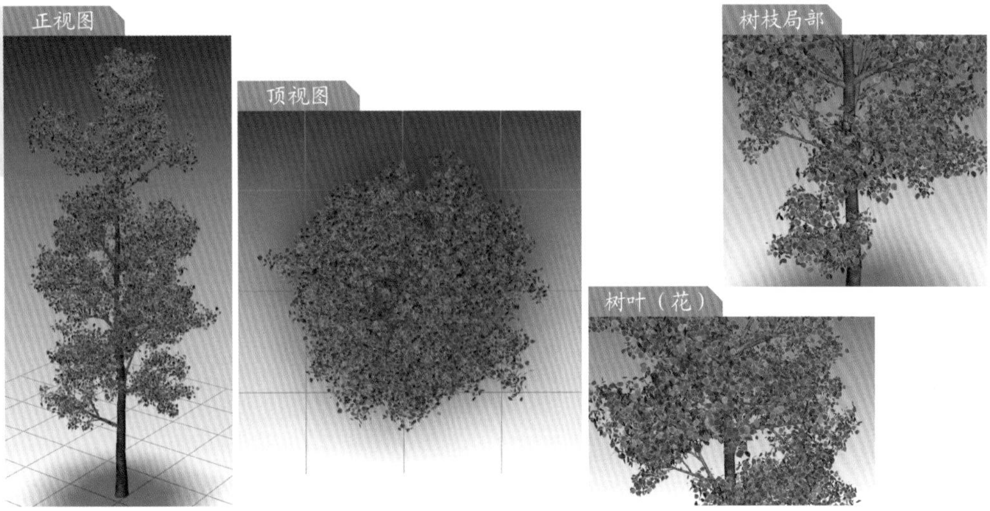

青楷槭

·幼龄

正视图

顶视图

树枝局部

树叶（花）

·中龄

正视图

顶视图

树枝局部

树叶（花）

·大龄

正视图

顶视图

树枝局部

树叶（花）

花楷槭

·幼龄

正视图

顶视图

树枝局部

树叶（花）

·中龄

正视图

顶视图

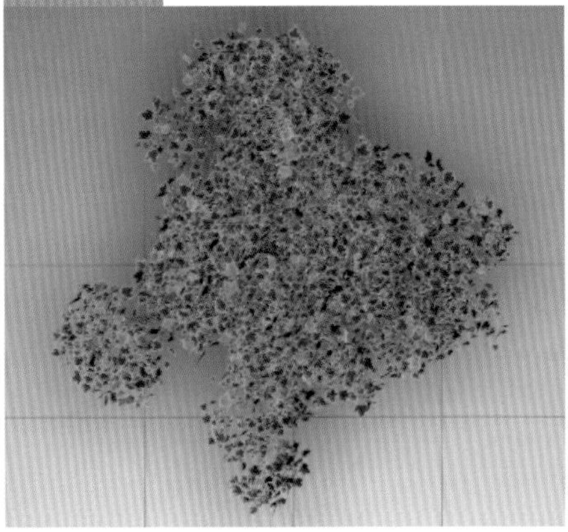

树枝局部

树叶（花）

·大龄

树枝局部

正视图

顶视图

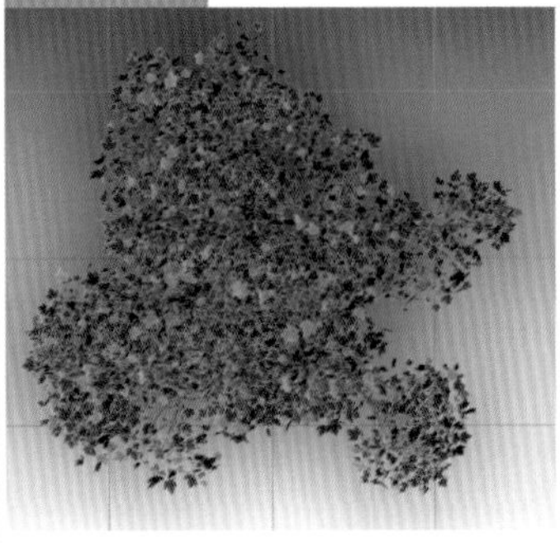

树叶（花）

稠李

幼龄

正视图

顶视图

树枝局部

树叶（花）

中龄

正视图

顶视图

树枝局部

树叶（花）

大龄

正视图

顶视图

树枝局部

树叶（花）

山丁子

·幼龄

正视图

顶视图

树枝局部

树叶（花）

·中龄

正视图

顶视图

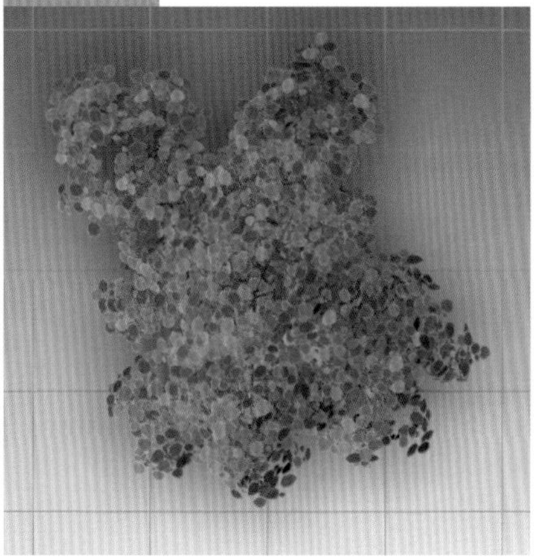

树枝局部

树叶（花）

·大龄

正视图

顶视图

树枝局部

树叶（花）

岳桦

幼龄

正视图

顶视图

树枝局部

树叶（花）

中龄

正视图

顶视图

树枝局部

树叶（花）

大龄

正视图

顶视图

树叶（花）

树枝局部

钻天柳（红毛柳）

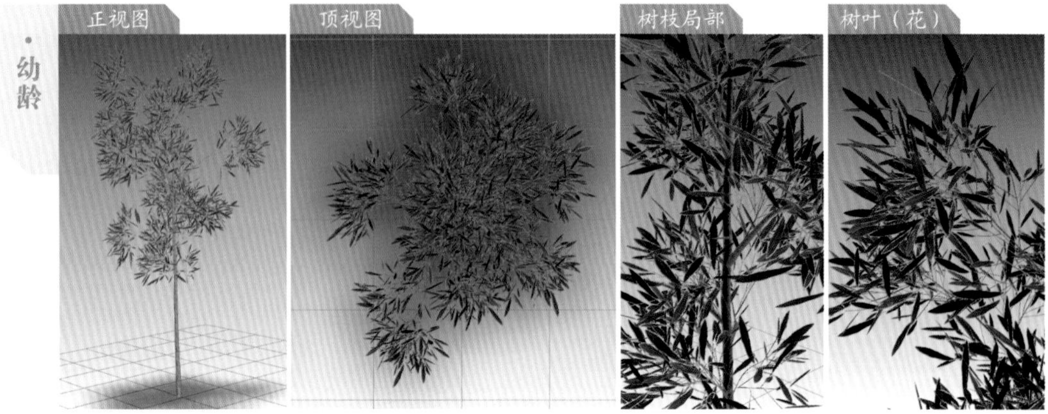

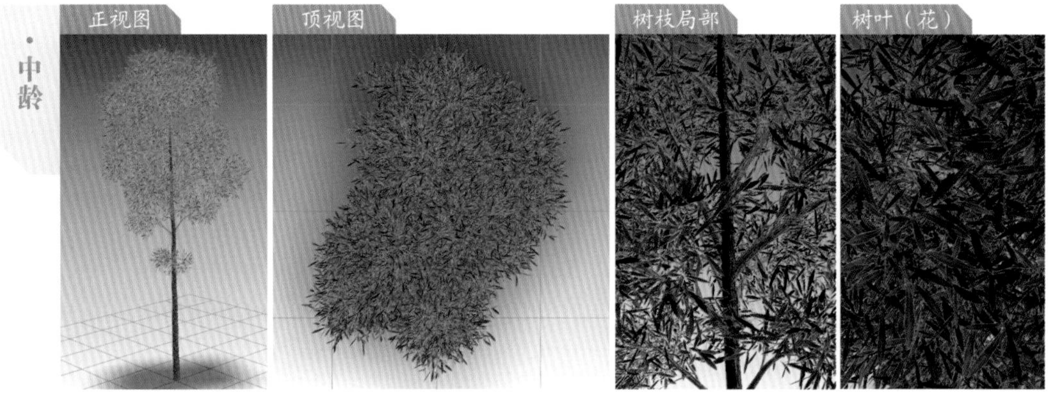

榛子

幼龄

正视图

顶视图

树枝局部

树叶（花）

中龄

正视图

顶视图

树枝局部

树叶（花）

大龄

正视图

顶视图

树枝局部

树叶（花）

4.4.3 灌木树种

丛桦

幼龄

正视图

顶视图

树枝局部

树叶（花）

中龄

正视图

顶视图

树枝局部

树叶（花）

大龄

正视图

顶视图

树枝局部

树叶（花）

绣线菊

·幼龄

正视图

顶视图

树枝局部

树叶（花）

·中龄

正视图

顶视图

树枝局部

树叶（花）

·大龄

正视图

顶视图

树枝局部

树叶（花）

刺玫

· 幼龄

正视图

顶视图

树枝局部

树叶（花）

· 中龄

正视图

顶视图

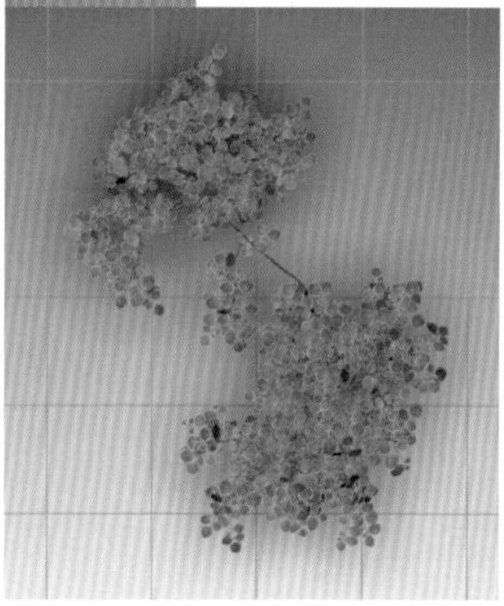

树枝局部

树叶（花）

· 中龄

正视图

顶视图

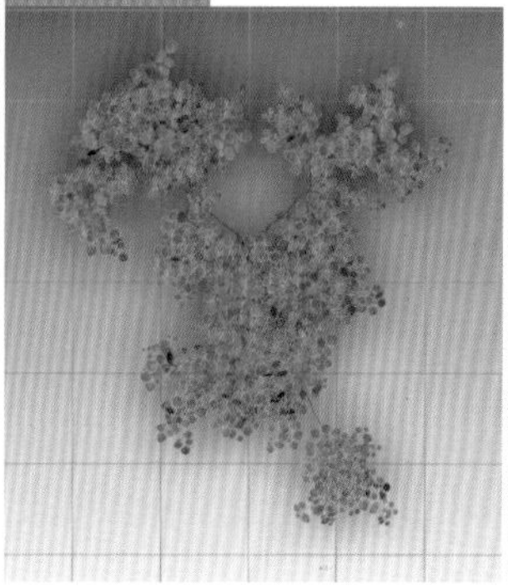

树枝局部

树叶（花）

偃松

·幼龄

正视图

顶视图

树枝局部

树叶（花）

·中龄

正视图

顶视图

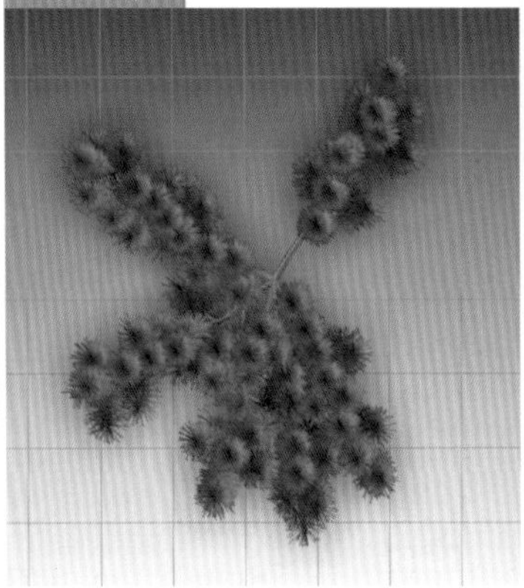

树枝局部

树叶（花）

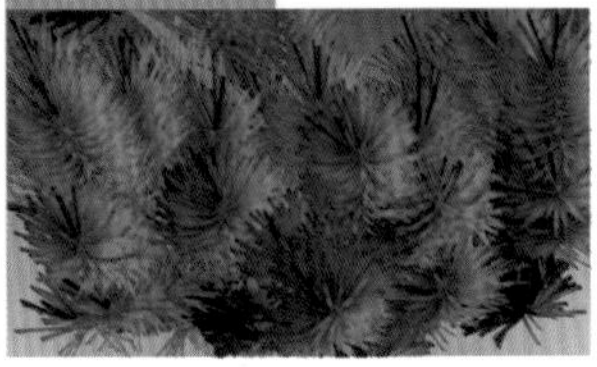

·大龄

正视图

树枝局部

顶视图

树叶（花）

胡枝子

幼龄

正视图

顶视图

树枝局部

树叶（花）

中龄

正视图

顶视图

树枝局部

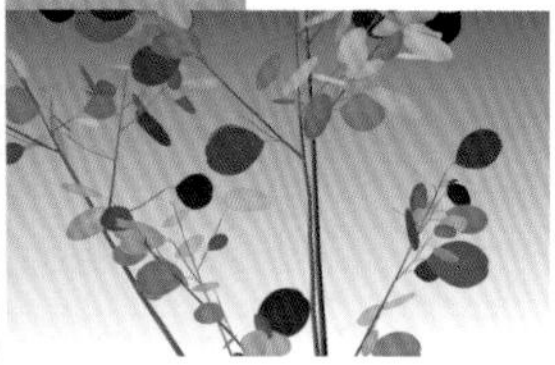

树叶（花）

大龄

正视图

顶视图

树枝局部

树叶（花）

杜鹃

·幼龄

正视图

顶视图

树枝局部

树叶（花）

·中龄

正视图

顶视图

树枝局部

树叶（花）

·大龄

正视图

顶视图

树枝局部

树叶（花）

珍珠梅

·幼龄

正视图

顶视图

树枝局部

树叶（花）

·中龄

正视图

顶视图

树枝局部

树叶（花）

·大龄

正视图

顶视图

树枝局部

树叶（花）

红端木

幼龄

正视图

顶视图

树枝局部

树叶（花）

中龄

正视图

顶视图

树枝局部

树叶（花）

大龄

正视图

顶视图

树枝局部

树叶（花）

五味子（藤本）

·中龄

正视图

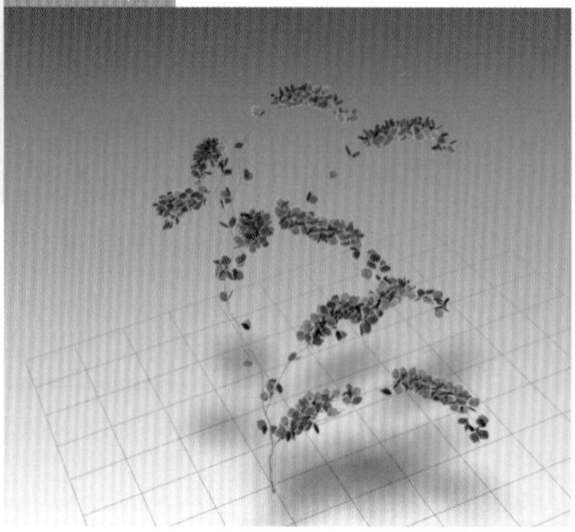

顶视图

树叶（花）

树枝局部

·大龄

正视图

树枝局部

顶视图

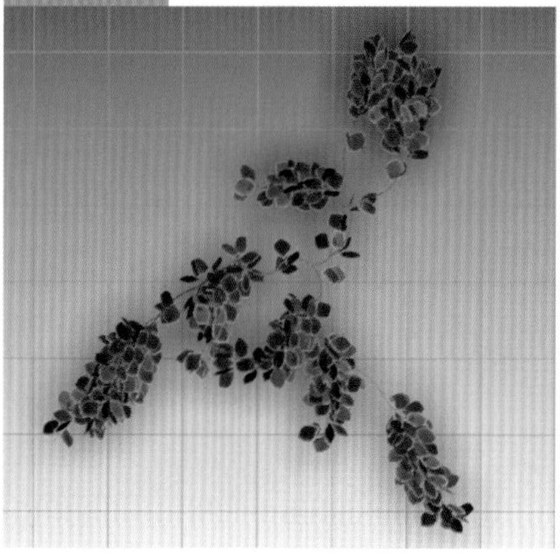

树叶（花）

忍冬

·幼龄

正视图

顶视图

树枝局部

树叶（花）

·中龄

正视图

顶视图

树枝局部

树叶（花）

·大龄

正视图

顶视图

树枝局部

树叶（花）

刺五加

·幼龄

正视图

顶视图

树枝局部

树叶（花）

·中龄

正视图

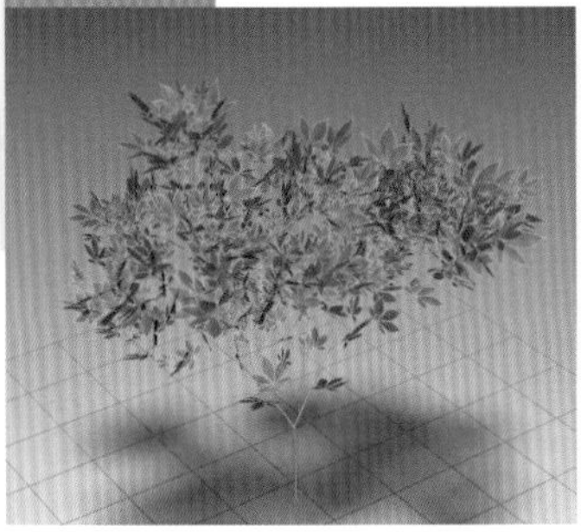

顶视图

树枝局部

树叶（花）

·大龄

正视图

顶视图

树枝局部

树叶（花）

笃斯越橘（蓝莓）

·幼龄

正视图

顶视图

树枝局部

树叶（花）

·中龄

正视图

顶视图

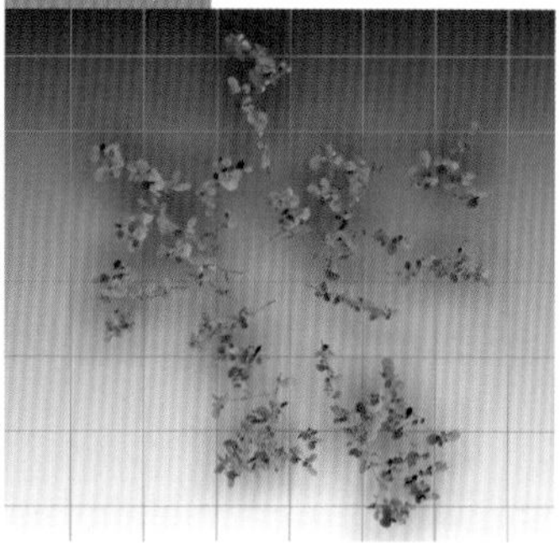

树枝局部

树叶（花）

·大龄

正视图

顶视图

树枝局部

树叶（花）

5 大规模森林场景林分仿真

东北国有林区一个林地小班的林木数量可以达到万株以上，个别小班的数量可以达到10万株，每个精细树模型文件大小（包括纹理）可以达到1M，对一个小班中10万株树在三维场景中同时展示的话，需要内存空间至少为100G。现有的计算机硬件水平远远无法满足这种要求，本研究通过一系列特殊算法来解决高效的数据检索和快速展示问题。

5.1 总体技术思路

根据选定小班的郁闭度等级、平均树高、每公顷株树、下木因子等属性因子，并利用一定的算法，生成林木空间分布和属性数据，结合林木生长多阶段三维树种库，综合考虑性能及美观程度，在三维场景中实现林分的动态仿真和模拟。主要步骤如下。

（1）根据小班面积、郁闭度因子、小班株数推算树木数量和分布密度，并采用随机分布方式模拟生成分布坐标。

（2）根据树种和龄组动态匹配各树种对应的三维模型，在森林场景中批量种植。

（3）根据小班下木因子（亚乔木、灌木等）匹配树种三维模型，在森林场景中批量种植。

（4）大量精细树木模型在森林场景中同步显示和调度。

图5-1为林分仿真的技术路线图。

5.2 主要实现过程

5.2.1 造林位置匹配

小班内树木采用随机分布方式，随机分布是指每一个个体在种群各个点上的出现具

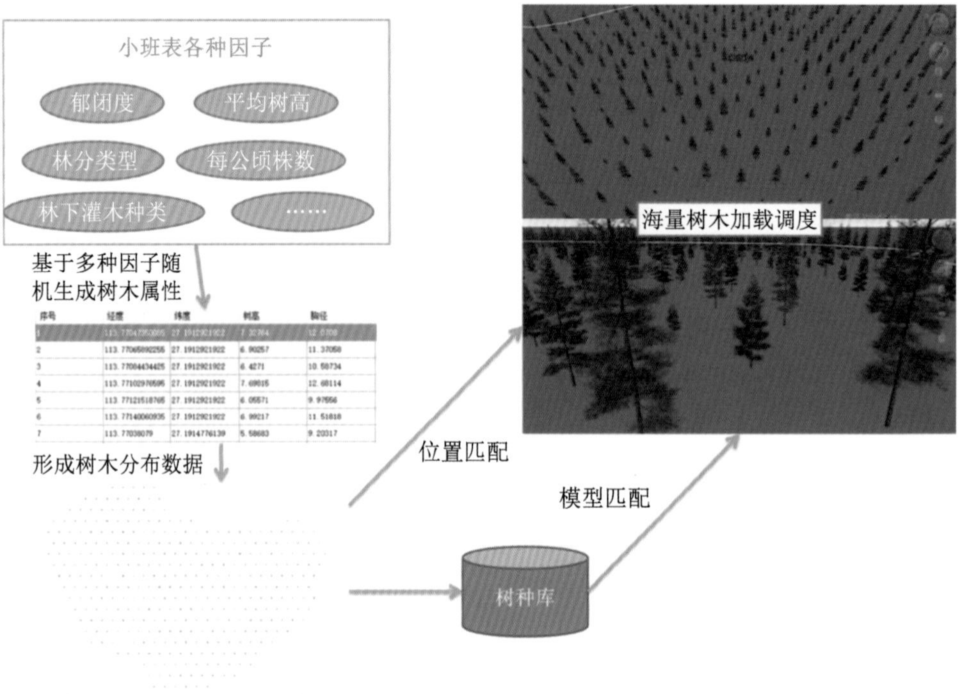

图5-1　森林场景林分仿真主要技术路线

有同等的机会，并且某一个个体的存在不影响其他个体的分布，个体分布是偶然的；林木以连续而均匀的概率在林地小班上分布。随机分布中林木个体的地理坐标相互之间没有联系，在小班边界范围内逐个个体分配坐标即可。

具体模拟算法为：

①取得小班边界左上角坐标（X1, Y1）和右下角坐标（X2, Y2）；

②由小班面积和郁闭度等指标得出小班林木株数N；

③对林分内所有林木逐一分配坐标，[X1, X2]取任意数Xi为横坐标，[Y1, Y2]取任意数Yi为纵坐标。

5.2.2　林木数据匹配

在展示平台中，实现交互式的小班级林木动态仿真模拟，具体方式和流程如下：

①在大比例尺下，通过鼠标选中某个小班；

②通过空间坐标点选查询小班属性信息；

③根据小班属性信息中相关因子生成林木分布数据；

④将林木分布数据加入展示平台中，根据分布数据的位置和属性，从三维树种库中抽取相应模型，并批量添加三维模型集合对象，生成林木仿真模拟图层。

5.2.3 大面积“植树造林”

本研究通过小班的各项指标，确定树种库中的树种模型（初始状态下通常为远景，一般默认使用片状树模型）、种树方式及种树范围等，并根据可视化的优化设置，用植树造林工具软件实现三维场景下小班林木数据的仿真展示。实现流程如图5-2所示。

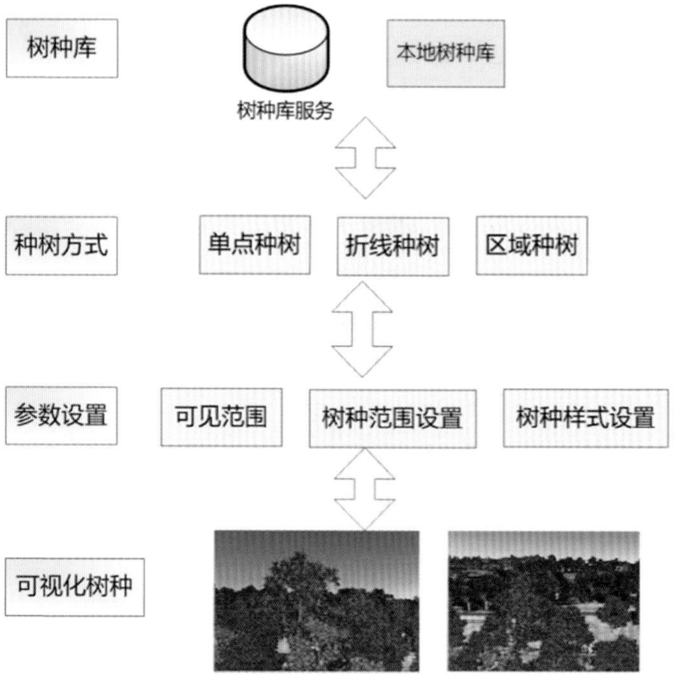

图5-2 利用树种库插件植树造林流程图

5.2.4 “由远及近”大量林木仿真展示

对于海量树木三维虚拟场景的展现，需要采用高效的数据检索方式和快速的渲染技术，结合三维虚拟场景显示美化需求和业务需求，根据模拟的树木与三维场景中摄像机距离的要求，采用不同LOD层级的精细树模型或精度较低的片状树模型，实现因远近不同而呈现出来的森林现场细节。

远景通过片状树模型展示。三维场景中离摄像机视点远的树模型可以采用片状树模型显示，以最大限度减少三角面从而提升显示效率。

由远及近的林分仿真充分利用提前制作好的LOD层级的精细树模型，随着三维场景中摄像机距离的逐步减少，选用越来越高层级的LOD精细树模型，实现越来越精细的林木形态细节描绘。尽管LOD精细树模型层级越高，数据量越大，但随着距离越近，展示在用户面前的林木数量也呈数量级下降。

5.2.5 林木数据快速检索

林木数据采用网格组织的方式，每个网格数据块中包含了具体林木的空间坐标和对应的林木模型索引，能够快速检索到这些网格数据块。

对每个网格做空间索引编号，如A1, A2……通过规定的空间索引公式计算某个（X, Y）坐标对应的矢量数据块（图5-3）。

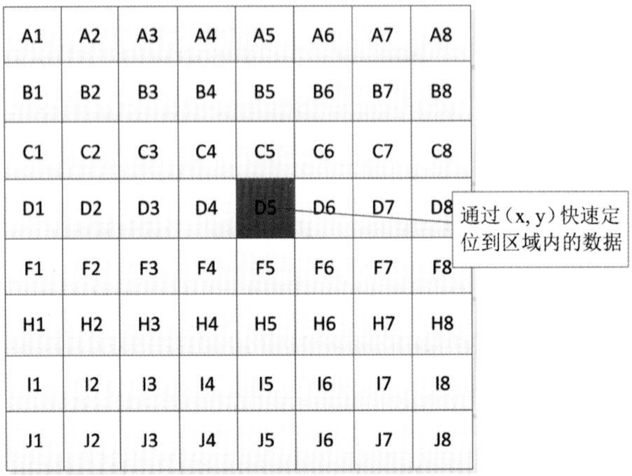

图5-3　网格与坐标原理示意图

5.2.5.1 网格数据块检索

林木数据网格划分是基于金字塔原理，因此对于需要显示的区域块，采用四叉树递归检索方法，从金字塔自顶向下检索。四叉树递归检索过程中，对于每个区域块，采用以下步骤。

Step1：首先判断该区域块跟摄像机的关系，如果在可视区域外，则直接返回；

Step2：如果与可视区域相交，则判断该区域块到摄像机的距离与区域块宽度的比值是否大于一个常数，如果大于则添加到检索列表并返回，小于则继续递归遍历该区域内的4个子区域；

Step3：子区域级别等于11级则添加到检索列表并返回，否则判断该区域是否完全在可视区域内，是则添加到检索列表并返回，不是则进入Step2。

5.2.5.2 可视区域剪裁

可视区域剪裁是为了判断一个区域块跟摄像机的平截头体的相交关系。利用区域块的地理坐标范围和对应三维地形区域的高度范围构造一个8个顶点的立方体，判断该立方体的8个顶点是否在可视区域内，部分点在可视区域内即为区域块与可视区域相交。

判断一个点是否在可视区域内的参数包括：

MG：地理坐标到世界坐标转换矩阵。

MW：世界坐标转换矩阵。

MV：视口坐标转换矩阵。

MP：透视坐标转换矩阵。

可视区域判断的步骤。

Step1：通过矩阵的点乘计算，MT=MG×MW×MV×MP，得到任何一个顶点乘以上面的MT矩阵。

Step2：顶点坐标p(x1, y1, z1)×MT将转为齐次坐标P（X, Y, Z）。

Step3：判断该齐次坐标P点的X，Y，Z的范围是否分别在[-1, 1]，[-1, 1]，[0, 1]内，如果在则该点在可视区域内，否则不在可视区域范围内。

5.2.5.3　林木数据网格与摄像机的距离关系判断

网格块选择是针对区域块与可视区域相交部分检索的区域块宽度的比值L的选择判断。为计算方便，采用摄像机垂直向下的方法，计算摄像机可视范围内的区域块投影到摄像机近裁剪面（屏幕）后的像素宽带，如图5-4所示。

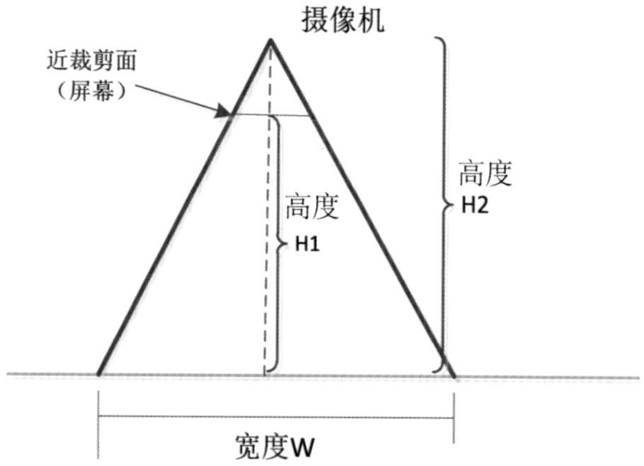

图5-4　摄像机垂直区域内的视野范围示意图

高度H2表示摄像机地理位置高度与地形高度之差，H1为摄像机近裁剪面与地形高度之差，宽度W为摄像机与地形相交的宽度。

设11级网格块的宽度为BW，近裁剪面的宽度为W1，计算该网格块投影到近裁剪面的宽度BW1。

$$\frac{BW}{BW1}=\frac{W}{W1}$$

根据梯形计算公式：$\frac{W}{W1}=\frac{H2}{H1}$，其中H1和H2的值可以从摄像机中获取。

得到BW1=（BW×H1）/H2

上述公式得到的值BW1可以认为是屏幕的像素大小，根据我们日常人眼的视觉效果，可以取L=256，当BW1大于或者等于256时，则认为该网格块可以被加载进来。

5.2.6 林木数据快速渲染

林木模型数据三维渲染过程中，首先完成当前摄像机视域范围内包含的网格数据块ID，建立可显示的ID块列表，对各个林木模型数据来说，独立完成各自渲染，并根据具体坐标与摄像机的远近关系显示不同LOD级别的模型数据。渲染流程如图5-5所示。

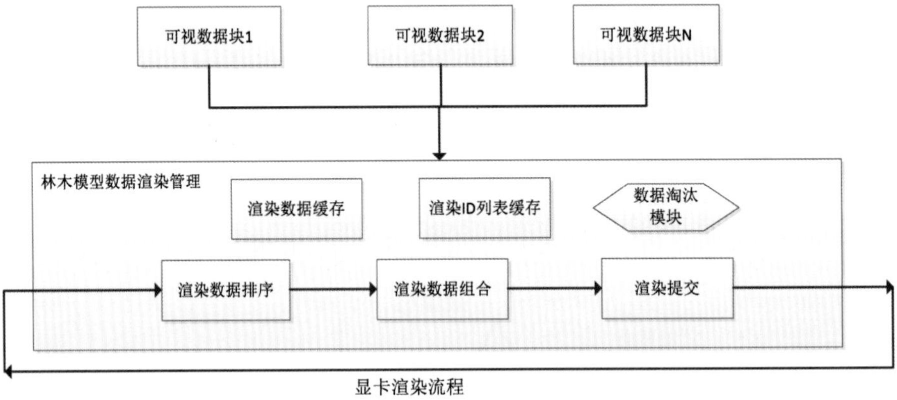

图5-5 林木模型数据渲染管理

图5-5中，林木模型数据渲染管理中建立了缓存机制和淘汰机制，缓存机制是对已经载入到内存中的数据库暂时保持，避免在某时间段内多次重复请求同一网格数据块，淘汰机制是对缓存数据过多时淘汰在缓存空间中长期不用的数据，避免缓存空间不断增大而导致内存不足的情况。

对于大范围林木模型数据渲染，即使采用了金字塔结构存储和快速检索机制，在后台的数据读取和二进制解译也是一个耗时的计算过程，需要采用多线程的异步处理，实现后台下载、读取和解译。

5.3 林分仿真主要功能

系统在展示效率和性能方面进行了深入的优化和完善，在硬件设备支持的情况下，能够以30FPS以上效率实现1080P分辨率画质下的小班林分三维动态仿真和模拟。系统支持在多个小班之前平滑切换和动态林分模拟，给予用户如临其境的沉浸式体验。

5.3.1 小班林分的完整展示仿真

实现从几亩到几十公顷的小班模拟仿真，展示小班的主要林分特征（图5-6、图5-7）。

实现主要林分因子的直观展示，包括对小班树种组成、小班株数、小班地形特征、平均树高、平均胸径、郁闭度、龄组的直观展示（图5-8至图5-11）。

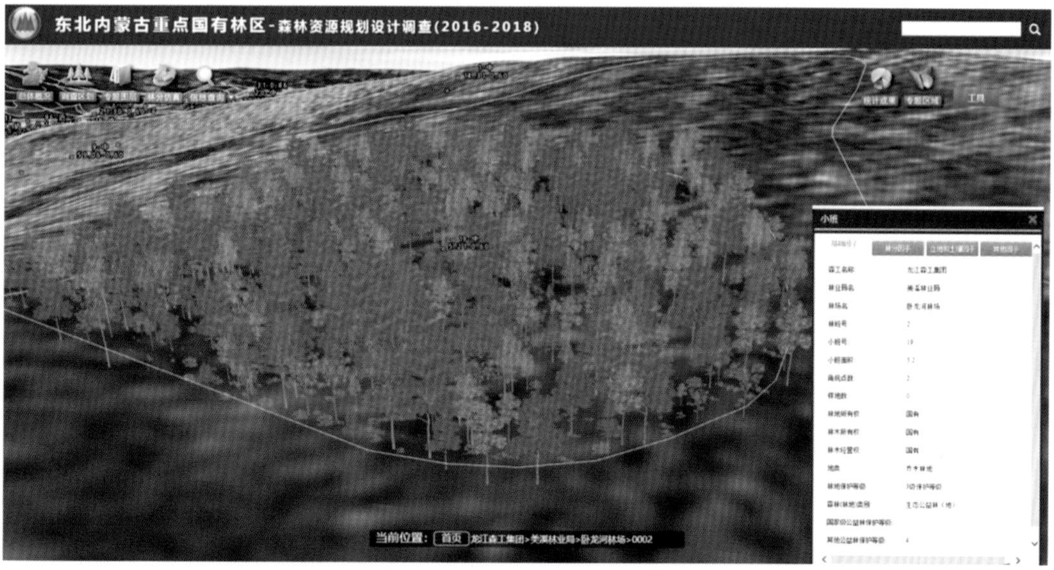

图5-6 较小面积（0.33公顷）小班林分仿真整体展示效果

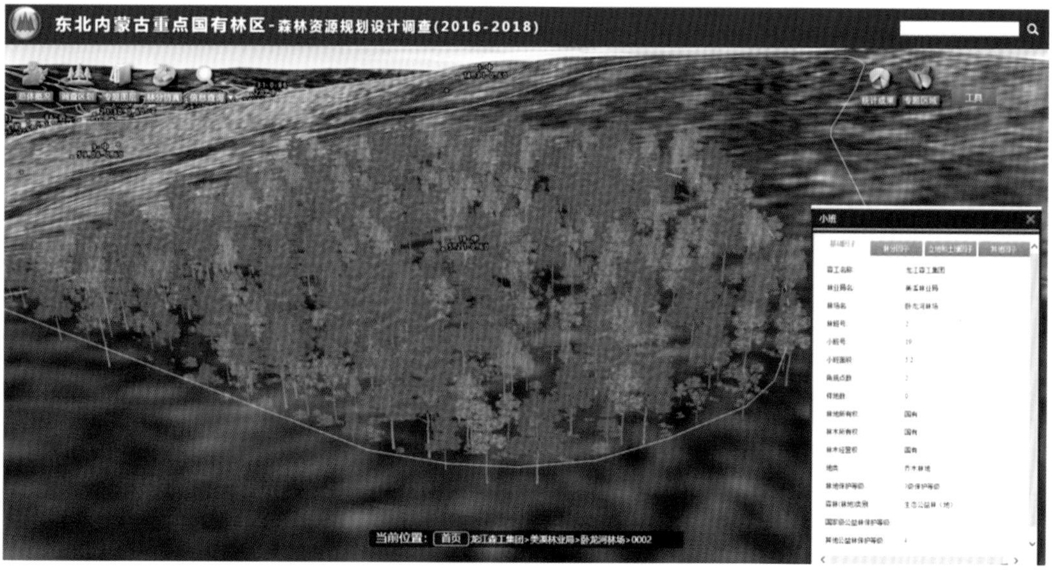

图5-7 较大面积（5.2公顷）小班林分仿真整体展示效果

图5-8　小班株数、郁闭度模拟效果

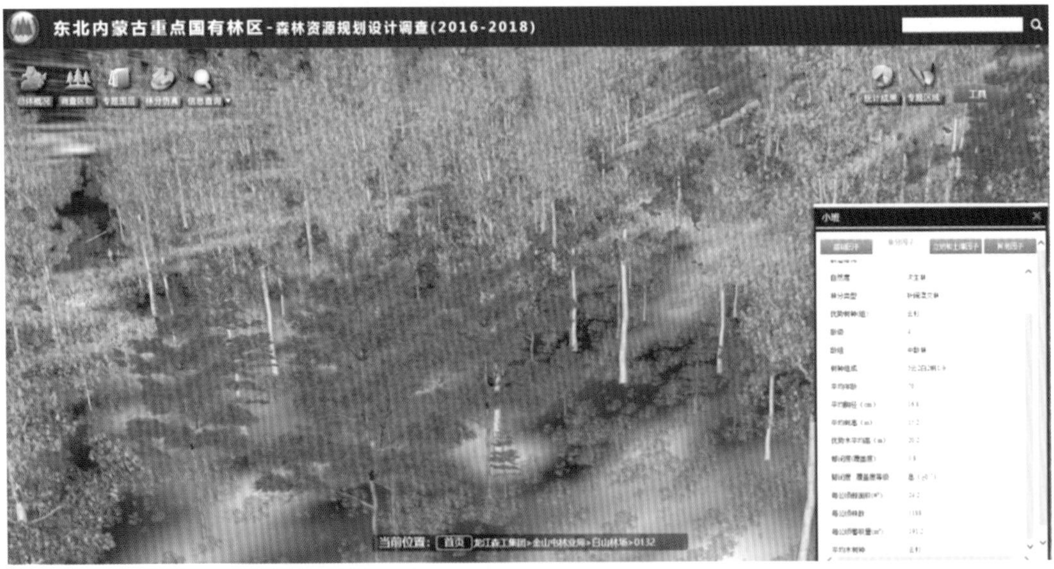

图5-9　小班树种组成、平均胸径、平均树高模拟效果

图5-10　小班中龄林模拟效果

图5-11　小班株数、郁闭度模拟效果

5.3.2 实现乔木和灌木不同层级的展示

图5-12 乔木林展示

图5-13 灌木展示

5.3.3 远近不同视角展示

远景、中景、近景展示如图5-14至图5-16。

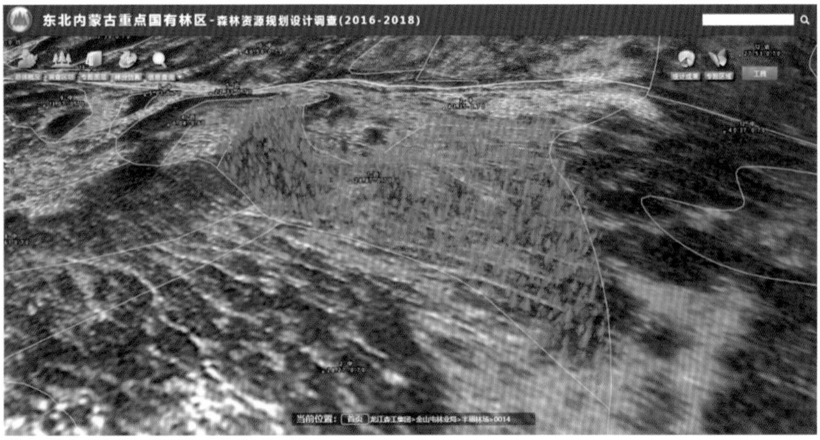

图5-14 远景效果展示

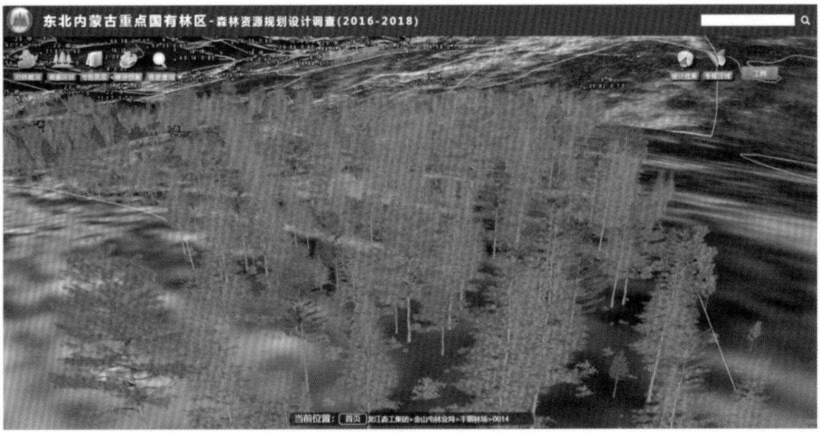

图5-15 中景效果展示

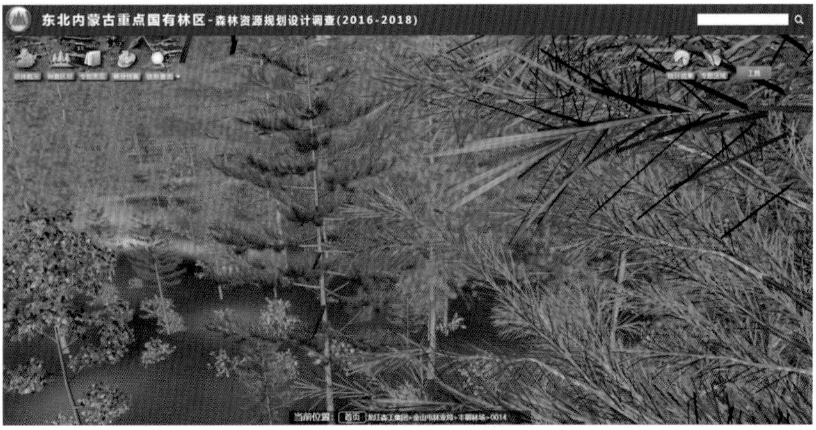

图5-16 近景效果展示

主要成果和发展展望 6

6.1 主要成果

本书展示了重点国有林区38种主要乔灌树种单木形态模型，创造性结合可视化技术和二类小班调查数据，开展小班尺度的森林场景仿真，使管理决策部门可远程“看到”接近现地的小班典型林分特征，辅助生产决策。数据采集成本低廉、数据更新能力强，可真实再现整个东北国有林区90%以上林地。成果技术创新性好、应用性突出，突破了传统只能将林地数据落到“山头地块”的局限，实现了基于真实调查数据的“林中看树”仿真，具体成果包括东北林区树种单木三维模型库1套、大规模森林场景林分仿真模型1套、东北国有林区森林资源展示平台1套。

6.1.1 东北林区树种单木三维模型库1套

根据2017—2018年树种采集及2019年补充采集结果，建成包含了38种东北林区主要乔木、亚乔木和灌木单木模型，覆盖东北国有林区林地面积90%以上。

以白桦、松树（红松）和杨树3个树种为例，展示了东北几个典型乔木树种单木建模成果示意图（图6-1）。以蓝莓、绣线菊、胡枝子、杜鹃4个树种为例，展示了几个东北林区典型灌木单木精细建模成果示意图（图6-2）：

6.1.2 大规模森林场景林分仿真模型1套

实现以小班尺度的森林场景仿真（图6-3），将二类调查小班林分特征，如林木树种、株数、郁闭度、树高分布、胸径粗细、年龄结构等通过三维立体画面还原出来，达到尽可能真实刻画小班林分林木资源现场情景的目标。

（a）白桦　　（b）松树　　（c）杨树

图6-1　东北典型乔木树种单木建模示意图

（a）蓝莓　　（b）绣线菊

（c）胡枝子　　（d）杜鹃

图6-2　东北典型灌木单木建模示意图

图6-3　大规模森林场景林分仿真模型示意图

6.1.3　东北国有林区森林资源展示平台1套

为国家和东北国有林区林业主管部门提供决策支持服务。该模块结合东北国有林区二类调查成果和大规模森林场景林分仿真模型，实现以小班为单位的林分仿真展示。

系统较为逼真地还原了东北、内蒙古重点国有林区典型林分林型特征。图6-4、图

图6-4　内蒙古落叶松白桦-杜鹃伴生林仿真结果示意图

图6-5　内蒙古落叶松白桦-榛子伴生林仿真结果示意图

6-5分别为内蒙古落叶松白桦-杜鹃伴生林和内蒙古落叶松白桦-榛子伴生林的仿真场景。

6.2　创新和特点

本书中的研究首次构建了东北国有林区 38 种主要树种三维可视化单木模型库，创新性实现东北国有林区森林资源调查数据全区域三维可视化应用，具有技术创新性强、业务适用性好、动态能力和扩展能力强等多个特点。

（1）采用的树种单木模型结合森林资源二类调查相结合的模型，适用性强，适合业务应用。尽管当前倾斜摄影模型、BIM模型已广泛应用于城市虚拟现实和三维仿真场景，但是由于森林面积幅员辽阔、树种众多，上述数据采集技术成本高昂，只适应于局部小区域建模，且多为静态模型，并不适合漫山遍野的动态成长和变化的森林场景。本研究基于林分仿真的真实业务需求和低成本大范围建模需要，研究出与森林资源二类调查成果相关联的、适合林业生产和应用的林分仿真业务模型，探索出一条较高性价比的大规模森林场景仿真技术路线，属于林业领域较为前沿的技术和业务相结合的创新成果。

（2）森林资源二类调查成果展示平台建立的38个树种三维模型库，可覆盖显示东北国有林区90%以上森林面积。单木三维树种模型采集成本低、模型复用性好、扩展能力强。以我国森林资源年度监测机制为依托，树种建模数据采集成本低，更新能力强，树种模型精细化分类扩展能力强。建立的38个树种三维单木模型，源自从东北二类调查时同步采集的各个树种样木的三维参数和高清照片，树种单木模型生动形象，高度接近真实树种外形和结构特征。而且可以结合全国各地的森林调查，建立更多典型树种三维单木模型。

（3）本成果还具有动态性好，适合规模生产和应用的独特优势。仿真模型直接关联小班调查成果数据，尽可能还原森林小班主要指标和属性因子，通过三维画面清晰展示森林资源现场情景，包括每个小班的树种组成及株数、平均胸径、平均树高、郁闭度等基本特征，以及乔、灌木分层结构等。由于我国森林资源“一张图”年度更新机制，每年都可以产生最新的森林资源现状数据，森林仿真业务模型构建成本低，仿真成果动态更新很容易。

6.3 问题和不足

由于草本植物采集较少，且基础地理、气候气象等基础信息的缺失，林分仿真的场景未加入草本层、林中小路、河流等细节信息，建立的树种单木模型细分度不够，未能体现季节的变化，林分仿真的场景不能展现出晴天和阴雨天气变化带来的不同景象。

6.4 发展展望

扩展三维树种单木模型库，借助全国各地的林草调查监测工作，采集西南林区、中部林区、南方林区、西北地区的主要树种（含灌、草）的三维结构参数和高清照片，建立起覆盖全国85%森林面积的三维树种单木模型库。

将林分仿真模型逐步推广到基层林业部门，目前该模型依赖的大规模数据可视化技术对设备的要求还比较高，还定位在科研创新应用上。后续要加强低成本推广和应用，让林业局生产经营管理和决策人员在单位看到森林现场，从而真正达到服务生产和决策的目的。

参考文献

[1] 石银涛, 程效军, 张鸿飞. 基于参数L—系统的三维树木仿真[J]. 同济大学学报(自然科学版), 2011, 39(12): 1871-1876.

[2] 谭同德, 李静. 基于OSG的分形L—系统三维树木仿真[J]. 计算机工程与设计, 2012, 33(02): 644-648. DOI: 10.16208/j.issn1000-7024.2012.02.040.

[3] 孔令麒, 黎展荣, 韦婷, 等. 基于L系统的树木建模与仿真[J]. 科学技术与工程, 2013, 13(32): 9536-9540+9548.

[4] 高扬, 黎展荣, 魏为, 等. 基于参数L系统的小叶榕树建模方法研究[J]. 计算机技术与发展, 2016, 26(07): 156-159.

[5] 张权义. 基于分形L系统的树木建模方法研究[J]. 山西农业大学学报(自然科学版), 2017, 37(08): 605-608. DOI:10.13842/j.cnki.issn1671-8151.2017.08.013.

[6] 胡杰, 刘娟, 邓林强, 等. 基于迭代函数系统的三维树木静动态可视化研究[J]. 江苏农业学, 2021, 49(19): 205-209. DOI: 10.15889/j.issn.1002-1302.2021.19.037.

[7] 龙洁. JessTree三维树模型的研建及其可视化系统开发[D].北京林业大学,2007.

[8] Nikinmaa E, Messier C, Sievanen R, et al. Shoot growth and crown development: effect of crown position in three-dimensional simulations[J]. Tree Physiology, 2003, 23(2): 129-136.

[9] Bloomenthal J. Modeling the mighty maple[C]//SIGGRAPH’85:Proceedings of the 12th annual conference on computer graphics and interactive techniques. ACM Press, 1985.

[10] Weber J, Penn J. Creation and rendering of realistic trees[C]// SIGGRAPH’95: Proceedings of the 22nd annual conference on conputer graphics and interactive techniques. ACM Press, 1995.

[11] Wesslen D, Seipel S. Real-tine visualization of animated trees [J]. The Visual computer,2055,21(6):397-405.

[12] Runions A, Lane B, Prusinkiewicz P. Modeling trees with a space colonization algorithm[G]. Eurographics Workshop on Natural Phenomena, 2007: 63-70.

[13] 陶嗣巍, 赵东. 树木几何结构快速建模的研究[J]. 北京林业大学学报, 2013, 35(02): 97-101. DOI:10.13332/j.1000-1522.2013.02.007.

[14] 赵庆丹, 罗传文, 孙海洪, 等. 基于OpenGL和VC的树木三维可视化模拟实现[J]. 东北林业大学学报, 2010, 38(11): 54-57. DOI: 10.13759/j.cnki.dlxb.2010. 11.039.

[15] 胡春华, 李萍萍, 朱咏莉. 基于Levenberg-Marquardt算法的杨树枝干建模[J]. 农业机械学报, 2014, 45(10): 272-276+271.

[16] Jean-François C, Richard A F, Richard E. An architectural model of trees to estimate forest structural attributes using terrestrial LiDAR[J]. Environmental Modelling and Software, 2010, 26(6): 761-777.

[17] Sievianen R, Perttunen J, Nikinmaa E, et al. Invited talk:functional structural plant models-case LIGNUM[J]. Proc of Plant Growth Modeling And Applications 09, Los Alamitos, CA, USA, IEEE Computer Society, 2009, 3-9.

[18] Allen M, Prusinkiewicz P, DeJong T. Using L-system for modeling source-sink interactions, architecture and physiology of growing trees: the L-PEACH model[J]. New Phytologist, 2005, 166(3): 869-880.

[19] Seidel D, Leuschner C, Müller A, et al. Crown plasticity in mixed forests—Quantifying asymmetry as a measure of competition using terrestrial laser scanning[J]. Forest Ecology and Management, 2011, 261(11): 2123-2132.

[20] Palubicki W, Horel K, Longay S, et al. Self-organizing tree models for image synthesis[J]. ACM Transactions on Graphics, 2009, 28(3):58.

[21] 熊瑛, 张光年, 郭新宇, 等. 基于马尔可夫模型的苹果树枝条生长仿真[J]. 农机化研究, 2009, 31(07): 70-73+78.

[22] 国红, 雷相东, Veronique LETORT, 陆元昌. 基于GreenLab原理构建油松成年树的结构—功能模型[J]. 植物生态学报, 2011, 35(04): 422-430.

[23] J Perttunen, R Sievänen, E Nikinmaa. LIGNUM: a model combining the structure and the functioning of trees[J]. Ecological Modelling,1998,108(1): 189-198.

[24] 雷相东, 常敏, 陆元昌, 等. 虚拟树木生长建模及可视化研究综述[J]. 林业科学, 2006(11): 123-131.

[25] 马载阳, 张怀清, 李永亮, 等. 林木多样性模型及生长模拟[J]. 地球信息科学学报, 2018, 20(10): 1422-1431.

[26] 覃阳平, 张怀清, 陈永富, 等. 基于简单竞争指数的杉木人工林树冠形状模拟[J]. 林业科学研究, 2014, 27(03): 363-366. DOI: 10.13275/j.cnki.lykxyj.2014.03.011.

[27] 陈红倩, 陈谊, 曹健, 等. 一种动态森林场景快速仿真方法[J]. 华中科技大学学报(自然科学版), 2011, 39(10): 91-93+98. DOI: 10.13245/j.hust.2011.10.015.

[28] 代柱亮. 森林场景实时动态仿真技术的研究与实现[D].北京邮电大学,2015.

[29] 孙文全. 复杂森林场景的实时绘制技术研究[D].福州大学,2011.

[30] 夏佳佳. 大规模森林场景的自适应可视化技术研究[D].浙江工业大学,2012.

[31] 董天阳, 周棋正. 基于形态Snake模型的遥感影像的单木树冠检测算法[J]. 计算机科学, 2018, 45(S2): 269-273+291.

[32] 张宁, 张怀清, 林辉, 等. 基于竞争指数的杉木林分生长可视化模拟研究[J]. 林业科学研究, 2013, 26(06): 692-697. DOI:10.13275/j.cnki.lykxyj.2013.06.004.

[33] 刘海, 张怀清, 莫登奎, 等. 基于信息编码的森林景观可视化模拟[J]. 林业科学研究, 2014, 27(02): 208-212. DOI:10.13275/j.cnki.lykxyj.2014.02.011.

[34] 卢康宁. 基于生理生态模型的杉木形态结构变化可视化模拟研究[D]. 中国林业科学研究院, 2012.

[35] Parveaud C E , Jérme Chopard, Dauzat J , et al. Modelling foliage characteristics in 3D tree crowns: influence on light interception and leaf irradiance[J]. Trees, 2008, 22(1):87-104.

[36] 李思佳, 张怀清, 李永亮, 等. 基于样本库的杉木林分生长动态可视化模拟[J].林业科学研究, 2019, 32(01): 21-30. DOI: 10.13275/j.cnki.lykxyj.2019.01.004.

[37] 高金萍,高显连,孙忠秋,等.东北内蒙古重点国有林区二类调查与信息技术深度融合与实践.林业资源管理，2017,5:20～27.

[38] 高金萍,高显连,于慧娜,等.基于东北二类调查和树种专项数据采集的森林场景的仿真和技术实现.林业资源管理，2019,1:93～100.

[39] 黄洪宇, 陈崇成, 邹杰, 等. 基于地面激光雷达点云数据的单木三维建模综述[J]. 林业科学, 2013, 49(04): 123-130.

[40] 徐志扬, 刘浩栋, 陈永富, 等. 基于无人机LiDAR的杉木树冠上部外轮廓模拟与可视化

研究[J]. 林业科学研究, 2021, 34(04): 40-48. DOI: 10.13275/j.cnki.lykxyj.2021.04.005.

[41] 王国利, 李群, 杨学博, 等. 基于机载激光雷达点云的森林场景建模[J]. 北京建筑大学学报, 2021, 37(02): 39-46. DOI: 10.19740/j.2096-9872.2021.02.06.

[42] 黄志鑫, 邢涛, 邢艳秋, 等. 基于动态圆柱拟合的背包激光雷达单木骨架曲线提取[J]. 中南林业科技大学学报, 2021, 41(12): 68-76. DOI: 10.14067/j.cnki.1673-923x.2021.12.009.

[43] Jean-François C, Richard A F, Richard E. An architectural model of trees to estimate forest structural attributes using terrestrial LiDAR[J]. Environmental Modelling and Software, 2010, 26(6): 761-777.

[44] Vega C, Hamrouni A, El Mokhtari S, et al. PTrees: A point-based approach to forest tree extraction from lidar data[J]. International Journal of Applied Earth Observations and Geoinformation, 2014, 33: 98-108.

[45] 向云飞. 基于机载 LiDAR 和倾斜摄影的城市建筑物三维建模[D]. 成都: 成都理工大学, 2016.

[46] 曹明兰, 李亚东, 冯海英, 等. 倾斜摄影与激光扫描技术结合的3D森林景观建模[J]. 中南林业科技大学学报, 2019, 39(12): 10-15+33. DOI: 10.14067/j.cnki.1673-923x.2019.12.002.

[47] 李涛, 冯仲科, 于东海, 等 . 无人机摄影获取单木三维信息方法研究 [J]. 中南林业科技大学学报，2019, 39(3): 61-68.